江苏科普创作出版扶持计划项目

ASTRONOMICAL TELESCOPE

超越
人类视觉极限

红外、紫外、X射线和伽马射线望远镜

中国天文学会 中科院南京天文仪器有限公司 组织编写

程景全 著

天文望远镜史话

④

南京大学出版社

图书在版编目（CIP）数据

超越人类视觉极限：红外、紫外、X射线和伽马射线
望远镜 / 程景全著 . —南京：南京大学出版社，2023.2（2024.5 重印）
（天文望远镜史话）
ISBN 978-7-305-23094-3

Ⅰ.①超…　Ⅱ.①程…　Ⅲ.①红外望远镜②紫外线—
望远镜③X射线望远镜④γ射线—望远镜　Ⅳ.①TH743

中国版本图书馆 CIP 数据核字 (2020) 第 045888 号

出版发行　南京大学出版社
社　　址　南京市汉口路 22 号　　　　邮　　编　210093

丛 书 名　天文望远镜史话
书　　名　超越人类视觉极限——红外、紫外、X射线和伽马射线望远镜
　　　　　CHAOYUE RENLEI SHIJUE JIXIAN —— HONGWAI ZIWAI X SHEXIAN HE GAMA SHEXIAN WANGYUANJING
著　　者　程景全
责任编辑　王南雁　　　　　　　　　编辑热线　025-83595840
照　　排　南京开卷文化传媒有限公司
印　　刷　南京凯德印刷有限公司
开　　本　787 mm×960 mm　1/16　印张 8.25　字数 125 千
版　　次　2023 年 2 月第 1 版　2024 年 5 月第 2 次印刷
ISBN　978-7-305-23094-3
定　　价　48.00 元

网　　址：http://www.njupco.com
官方微博：http://weibo.com/njupco
微信服务号：njupress
销售咨询热线：（025）83594756

21世纪是科学技术飞速发展的太空世纪。"坐地日行八万里，巡天遥看一千河。"离开地球，进入太空，由古至今的人类，努力从未停止。古代传说中有嫦娥奔月、敦煌飞天；现代有加加林载人飞船、阿姆斯特朗登月、火星探测；当下，还有中国的"流浪地球"、美国的马斯克"Space X"。

中华文明发源于农耕文化，老百姓"靠天吃饭"，对天的崇拜，由来已久。"天地君亲师"，即使贵为皇帝老儿，至高无上的名称也仅仅是"天的儿子"，还得老老实实祭天。但以天子之名昭示天下，就彰显了统治的合法性。"天行健，君子以自强不息"，君子以天为榜样，"终日乾乾"。黄帝纪年以后，古中国的历朝历代都设有专门的司天官。史官起源于天官，天文历法之学对中国上古文明的形成，具有非同寻常的意义。古人类的天文观测都是用眼睛直接进行的。

人的眼睛就是一具小小的光学望远镜，在黑暗的环境中，人眼可以看到天空中数以千计的恒星。但没有天文望远镜，人类只能"坐井观天"，不可能真正了解宇宙。

在今天这个日新月异、五彩缤纷的世界中，面对浩渺太空和大千世界，人们总会存在很多疑问。这些问题看似互不相关，但其中许多问题都可以归结到天文望远镜的科学、技术和应用当中，天文望远镜是人类走进太空之匙。

进入21世纪以来，知识和信息以非凡的速度无限传递。这样一个追求高效率、快节奏的社会，对人的知识储备提出了更高更精的要求，从小打下坚实的基础变得至关重要。在众多获取知识的途径中，"站在巨人肩上"——读大师的作品无疑是最有效的办法之一。

青少年时期，是科学技术的启蒙期，在最关键的成长期，需要最有价值的成长能量。对于成长期的青少年来说，掌握课本上的知识已远远不能满足实际需要。他们必须不断寻找新鲜的知识养料来充实自己，为了使他们能够从浩瀚的书籍海洋中最迅速、最有效地获得那些凝聚了人类科学，尤其是技术发展最高水平的伟大成果，这套"天文望远镜史话"丛书应运而生。它以全新的理念、崭新的科学知识和温情的故事，带给读者全新的感受。书中，作者用生动丰富的文字、诙谐风趣的笔法和通俗易懂的比喻，将深奥、抽象的科技知识描绘得言简意赅，融科学性、知识性和趣味性于一体，不仅使读者能掌握和了解相关知识，更可激发他们热爱科学、学习科学的兴趣。

读书之前，书是您的老师；读书之时，您是自己的老师；读完之后，或许您就会成为别人的小老师。祝愿读者在阅读"天文望远镜史话"丛书过程中，能闪耀出迷人的智慧光芒，照亮您奇特有趣、丰富多彩的科学探索之路和美丽的梦想世界。

常进

2020.08.

身处 21 世纪，借助于各种天文望远镜，人类的天文知识已经十分丰富。航天事业的发展使人类在月亮这个最邻近的天体上留下了自己的足迹。人类制造的航天器也造访过太阳系中一些十分重要的行星和小行星。毫不夸张地说，人类对于宇宙的认知几乎全部来自天文望远镜的观测和分析。

　　天文望远镜是人类制造的一种用于探测宇宙中各种微弱信号的专用仪器。它们的形式多种多样，技术繁杂，灵敏度极高。天文望远镜延伸和扩展了人类的视觉，使你可以看到遥远和微弱的天体，甚至是无法被"看见"的物理现象和特殊物质。

　　经过长时期的发展，现代天文望远镜的观测对象已经从光学、射电，扩展到包含 X 射线和伽马射线在内的所有频段的电磁波，以及引力波、宇宙线和暗物质等。这些形形色色的望远镜组成庞大的望远镜家族。丛书"天文望远镜史话"将专门介绍各种天文望远镜的相关知识、发展过程、最新技术以及它们之间的联系和差别，使读者获得有关天文望远镜的全方位的知识。

　　天文学研究的目标是整个宇宙。汉字"宇"表示上下四方，"宙"表示古往今来，"宇宙"便是所有空间和时间。在古代，人类用肉眼直接观察天体，在黑暗的环境中，人眼可以看到天空中数以千计的恒星。

　　中国是最早进行天文观测的国家之一。2001 年在河南舞阳贾湖发掘的裴李岗文化遗址中发现了早在 8000 年以前的贾湖契刻符号，这也是世界上目前发现的最早的一种真正的文字符号。从那时起，古代中国人就开始在一些陶器上记录重要的天文现象。

公元前 4 世纪，我国史书中就有了"立圆为浑"的记载。这里的"浑"就是世界上最早的恒星测量仪器——浑仪。后来西方也发展了非常相似的浑仪，但他们沿用的是古巴比伦的黄道坐标系，所记录的恒星位置并不准确。直到公元 13 世纪之后，第谷才开始使用正确的赤道坐标系记录恒星位置。

公元前 600 年，古代中国人已经有了太阳黑子的记录。这比西方的伽利略提早了约 2000 年。在春秋战国时期，出现了著名的天文学家石申夫和甘德，以及非常重要的 8 卷本天文专著《天文星占》，其中列出了几百个重要恒星的位置，这比西方有名的伊巴谷星表要早约 300 年。古代中国人将整个圆周按照一年中的天数划分为 365 又 1/4 度，可见他们对太阳视运动的观测已经相当精确，这一数字也非常接近现代所用的一个圆周 360 度的系统。

郭守敬是世界历史上十分重要的天文学家、数学家、水利专家和仪器制造专家。他设计并建造了登封古观星台。他精确测量出回归年的长度为 365.2425 日。这个数字和现在公历年的长度相同，与实际的回归年仅仅相差 26 时秒，领先于西方天文学家整整 300 年。同样，他在简仪制造上的成就也比西方领先了 300 多年。

光学望远镜是人类眼睛的延伸。天文光学望远镜的发展已经有 400 多年的历史。利用光学天文望远镜，人们看见了许多原来看不到的恒星，发现了双星和变星。天文学家也发现了光的频谱。观测研究恒星的光谱可以了解它的物质成分及温度。

麦克斯韦的电磁波理论使人们认识到可见光仅仅是电磁波的一部分。电磁波的其他波段分别是射电（即无线电）、红外线、紫外线、X 射线和伽马射线。为了探测在这些频段上的电磁波辐射，从 20 世纪 30 年代以来，天文学家又分别发展了射电望远镜、红外望远镜、紫外望远镜、X 射线望远镜和伽马射线望远镜。这些天文望远镜是对人类眼睛光谱分辨能力的扩展。

20 世纪中期，物理学家和天文学家又分别发展了引力波、宇宙线和暗物质望远镜。这些新的信息载体不再属于电磁波的范畴，但它们同样包含非常丰富的宇宙信息。随着对这些新信息载体的认识不断深入，天文学家正在发展灵敏度非常高的引力波望远镜、规模宏大的宇宙线望远镜和深入地下几公里的暗物质望远镜。这些特殊的天文望远镜是对人类观测能力新的补充。

天文望远镜是人类高新技术的集大成之作，天文望远镜的发展也极大地促进了人类高新技术的发展。例如，现代照相机的普及得益于天文望远镜中将光学影像转化为电信号的 CCD（电荷耦合器件），手机的定位功能也直接来源于射电天文干涉仪的相位测量方法，而民航飞机的安检设备则是基于 X 射线成像望远镜技术等等。

本套丛书为读者逐一介绍了世界上各式各样天文望远镜的发展历史和技术特点。天文望远镜从分布位置上分为地面、地下、水下、气球、火箭和空间等多种望远镜；从形式上包括独立望远镜、望远镜阵列和干涉仪；从观测目标上包括太阳、近地天体、天体测量和大视场等多种望远镜。如果用天文学的语言，可以说我们已经进入了一个多信使的时代。

期待聪明的你，能够用超越前辈的聪明才智，去创造"下一代"天文望远镜。

引言
INTRODUCTION

这是我们的丛书"天文望远镜史话"中的第四本。本书全面介绍接收可见光和射电波以外其他波段电磁波的各种天文望远镜。它们包括红外线、紫外线、X射线和伽马射线望远镜。电磁波在这些频段有着十分不同的特点。在红外线波段，电磁波是一种热辐射，会产生温度效应。而在X射线和伽马射线频段，它们的能量很高，波动性不明显，粒子特性则变得十分强烈。由于这些特点，在这些频段观测的天文望远镜形式也有很大差别。在X射线区间，普通垂直入射的抛物面望远镜已经不再适用，只能使用入射角很大的掠射成像望远镜和网格式准直望远镜。在伽马射线区间，光子能量更大，掠射式望远镜也不再能够使用，只能使用特殊的编码孔成像望远镜和网格式准直望远镜。本书将全面介绍在这些频段中进行观测的各种天文望远镜的特点，以及它们的设计和发展。

读者如果想了解其他种类的天文望远镜，请查阅本系列丛书的其他分册。

目录
CONTENTS

01

红外线和紫外线的发现

    光的色散是一个古老的话题，自然界中的彩虹就是太阳光沿着一定角度射入水珠经过折射和反射所产生的色散现象。公元 13 世纪有一个德国人试图解释彩虹形成的原理，他认为彩色的光是介于白光与暗黑之间的光线，当光线不太强时，白光会依次变成红、黄、绿、蓝等各种颜色的光。对彩虹的这种解读显然是不对的。

    玻璃业的发展使欧洲生产出了一种玻璃三棱镜。早期的三棱镜形状的玻璃条可能是作家或画家用来镇纸的，防止风将稿纸或者画页吹散。在 16 世纪的欧洲，三棱镜的应用已经十分普遍，光通过三棱镜后的色散现象在当时应该有不少人知道，但是遗憾的是这些人并没有注意到这种现象，也没有将他们的观察详细记录下来。根据科学记载，光的色散现象是牛顿首先发现的。在牛顿之前，1637 年，笛卡尔就已经使用三棱镜对白光进行了分解，但是他的记录过于简单，只记录下红光和蓝光，没有记录下其他颜色光线的存在。不过笛卡尔已经正确地认识到了传播速度慢的光线会产生较大折射的事实。1648 年，匈牙利的一个学者使用玻璃三棱镜获得了十分完整的白光光谱，不过他对光谱的解释不对。他同样认为红光最亮，接近于白光，蓝光最暗，接近于暗黑，这种解释没有被科学界所认可。现在我们只好将发现光色散现象的功劳全部记在大科学家牛顿的身上。

牛顿是一位伟大的科学天才。他生于 1642 年，家境相对贫寒，出生以前父亲就已经死去，2 岁时母亲改嫁，14 岁时继父也去世了。少年牛顿只好跟随外婆，弃学经商。不过他十分喜欢看书，在他舅舅的劝说下，牛顿的母亲才允许牛顿重新入学学习。重新入学以后，他各科成绩都很好，仅仅 18 岁就进入剑桥大学学习数学。

1665 年，英国遭遇了一场规模空前的瘟疫大流行，剑桥大学不得已停课放假 18 个月。学校关门，没有事可干的牛顿只好回到了乡下。在乡下生活期间，他开始对光学有了兴趣。他搞来几个玻璃三棱镜，做起了三棱镜的分光实验。他将房间的门窗全部封闭起来，只留下一个通光的小孔，让太阳光透过圆孔后，再通过玻璃三棱镜，一下子太阳的白光变成了红橙黄绿青蓝紫的各种单色光。如果令两个玻璃三棱镜的斜面相互平行，且两个棱镜体的方向正好相反，则分开的各种单色光又会重新会聚在一起，形成一条白光的光带。他利用三棱镜反复做这个实验，并详细地记录了产生的现象。因此科学界一致认为是牛顿首先发现了光的色散。遗憾的是他没有再进一步，用温度计来发现红外线辐射。

几乎同时，1667 年意大利的赛蒙特已经发现在红光外侧的热辐射，他指出这种热辐射经过凹反射面的反射，可以在焦点上聚焦引起温度升高。1755 年，还有一个法国人通过实验发现炭火所产生的热能可以进入真空容器内，使其中的温度计升温。这些实验距离红外线的发现均只有一步之遥。

红外线是 1800 年由当时 62 岁的赫歇尔最先发现的。赫歇尔原籍德国，他继承父业，是一位教堂的音乐师。1756 年，英法战争爆发，殃及德国，次年他移居英国。1773 年，35 岁的他开始改行，制造天文望远镜并进行天文研究。1781 年，他利用自己制造的光学望远镜发现了太阳系的新行星——天王星。这个重要发现惊动了英国国王，他从此变成国王的御用天文学家。赫歇尔 50 岁时才结婚，娶的是

图1 赫歇尔证明红外线存在的实验装置

一位肯资助他研制大口径光学望远镜的富有的寡妇，四年之后生下儿子。后来这个小赫歇尔也成为了一位成功的天文学家。

发现红外线是赫歇尔老年所取得的一项重要成就。在长期的天文观测中他一直有一个疑问：平常所观测的太阳光中不同颜色的光所包含的热量是不是相同的？为此他用三棱镜将太阳光进行了分解，同时将三个涂黑的温度计分别放置在不同颜色的光所照亮的区域。他发现从紫光到红光，温度计的温度会逐渐升高。不可思议的是红光区外侧的温度反而比其他光区温度还要高。这个实验证实，在红光区域以外存在着一种新辐射，赫歇尔当时将这种辐射叫作"热射线"。到19世纪，该辐射最终被定名为红外线。1835年，安培指出红外线的波长比红光更长。

现代温度测量技术证实在太阳的辐射中，能量最高的是波长580纳米的黄光，这是太阳光谱能量的最高点。在赫歇尔所进行的实验中，三棱镜折射使长波长的光能量相对比较集中，而使短波长的光能量相对比较分散，因此他获得的结论不完全正确。

红外线被发现以后，德国物理学家里特认为任何事物均具有对称性，既然在可见光红端之外有红外线，那么在可见光紫端之外也一定会有相似的辐射。1801年的一天，里特正好有一瓶氯化银溶液，氯化银在加热或受到光照后会分解而析出银，所析出的银呈黑色。里特就想通过氯化银来确定可见光光谱以外的未知辐射，他用一张纸浇上氯化银溶液，将纸片放在经三棱镜色散后太

图2 发现紫外线的物理学家里特

阳光谱的紫光外侧。很快他便发现纸片上的氯化银变成黑色，这说明在紫光的外侧确实存在一种看不见的未知辐射。里特将紫光外侧的辐射定名为"去氧射线"，以强调它可以产生化学反应。很快这个名称被简化为"化学光"，并于 1802 年最终定名为紫外线，沿用至今。

1878 年，紫外线对细菌的特殊的杀菌作用被发现。1903 年，科学家发现用紫外线消毒时最有效的波长为 250 纳米。1893 年，德国物理学家舒曼发现波长小于 200 纳米的短紫外辐射。由于空气分子会大量吸收这种短紫外辐射，所以它被定名为真空紫外线。

红外线所覆盖的频谱十分宽广，它的波长从 0.75 微米一直延伸到 350 微米。其中最接近可见光的部分被称为近红外线，其次为中红外线，最外面的是远红外线。紫外线所覆盖的波长从 10（或 91）纳米一直延伸到 390（或 400）纳米。紫外线同样包括近紫外线、中紫外线和远紫外线几个部分。

近紫外线可以穿透衣物和人体皮肤，它对皮肤作用比较缓慢，但可以长期积累，导致皮肤老化和损害。中紫外线对人体皮肤有强烈损伤作用，会使血管扩张，出现红肿、水泡等，长久照射会出现红斑、炎症，甚至导致皮肤癌。远紫外线、X 射线和伽马射线均会对人体造成严重损害。幸运的是，地球大气层对这些短波段的电磁辐射几乎是不透明的，从而起到了保护人类的重要作用。

和可见光最接近的一部分近红外线和近紫外线可以透过地球大气层，但是它们中的大部分将被大气所吸收。因此近红外和近紫外天文望远镜必须被安装在高高的山顶上，而其他的红外和紫外望远镜则必须被安装在飞机、气球上或者被安置在空间轨道中。

02

红外天文望远镜
的要求

　　红外线、太赫兹波以及亚毫米波在远红外长波范围内相互覆盖，所以在讨论亚毫米波辐射时也常常会讨论到红外辐射。红外线波长覆盖范围很大，其中近红外部分离可见光最近，其波长在 0.75 到 5 微米之间，中红外线的波长在 5 到 25 ~ 40 微米之间，而远红外线的波长在 25 ~ 40 到 350 微米之间。在一些资料中，有时也使用短波红外和长波红外的说法。短波红外是波长比较接近可见光的红外辐射。

　　任何物体，只要它的温度大于绝对零度，就都会自发地向外发射红外线。所以红外观测是探测低温天体或者被尘埃遮挡的天体的重要手段。从望远镜对电磁波的探测特点看，在电磁波各个波段所探测的信息是完全不相同的，在 X 射线和伽马射线区域，天文望远镜所接收是粒子式的能量效应的相关信息；在光学波段，所接收的是光电或光化学效应的信息；在射电波段，所接收的是交流电压的信息；而在红外区域所接收的是热辐射温度信息。

　　在天文学上为什么要进行红外观测呢？第一，红外线穿透能力强，它可以穿透星际空间的尘埃，从而揭示在可见光波段中被尘埃遮挡的一些新星的存在。图 3 是哈勃空间望远镜对猎户座星云在可见光和近红外线波段观测中分别拍下的照片。在近红外线的照片上清楚地显示出在可见光照片中被遮挡的很多新星的辐射，在可见光照片上，这些区域几乎是一片漆黑。图 4 是猎户座区域的星云在可见光和远红外波段的照片。同样在可见光照片上，大部分的天区是一片漆黑，而在远红外波段的照片上则清楚地显示了星际尘埃吸收紫外线以后，辐射出的远红外辉光的图像。红外观测确实可以为天文学家提供光学观测所不能提供的天体辐射信息。

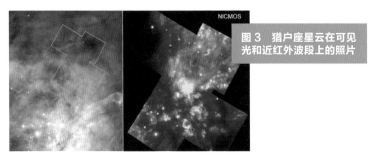

图 3　猎户座星云在可见光和近红外波段上的照片

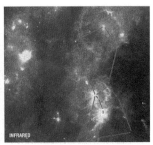

图 4　猎户座在可见光和远红外波段上的照片

太阳在天顶位置所发出到达地球表面的热辐射大约为每平方米 1 千瓦，其中，527 瓦属于红外辐射，445 瓦属于可见光辐射，32 瓦属于紫外辐射。人的身体所发射的红外辐射主要集中在波长 10 微米附近的区间。一般波长 5 微米以上的红外辐射统统被称为"热红外"，借助这种辐射，可以测量辐射体的温度。

在红外线的传输过程中，水汽是最主要的辐射吸收体。红外天文观测一般要在大气中水汽层的上方进行。在地球表面，红外辐射的透过率随海拔高度的提高而不断增加。在海平面，几乎不能够进行任何红外天文观测。红外天文观测只可以在干燥的高山顶上进行，这种高山的海拔高度一般要超过 3 千米。红外天文观测也可以在飞机、气球和火箭上进行，飞机的飞行高度在 13 千米到 25 千米之间；气球的飞行高度更高，达到 25 千米到 50 千米之间；火箭的飞行高度在 100 千米以下。当然最重要的红外观测常常是在空间轨道上进行的，空间红外天文望远镜的飞行高度在 100 千米以上，在这样的高度上，几乎没有大气层吸收的任何影响。

红外天文观测的发展直接受到红外接收器发展的影响。1592 年，伽利略第一个发明了利用玻璃瓶中空气的热胀冷缩现象来测量温度的简易温度计。它是一个细长颈的玻璃泡，将它倒立在葡萄酒中，从玻璃泡中抽出部分空气，葡萄酒就会进入细长的颈中。玻璃泡内温度变化时，葡萄酒的高度就会变化。1714 年，华伦海特发明了水银和酒精温度计，并且将氯化铵水溶液冰点的温度定为 0 度，将他的妻子的体温定为 96 度，建立了华氏温标。因此水的冰点是华氏 32 度，经后人校准，沸点被定为华氏 212 度。1742 年，摄尔西乌斯将水的沸点定为 0 度，冰点定为 100 度，后来卡尔·林耐将其颠倒，形成了现在的摄氏温标。

18 世纪晚期，出现了双金属效应温度计。1821 年，塞贝克发现金属的热电效应，同时发现金属电阻会随温度变化的规律。不同金属连接在一起，放置在不同温度下，它们之间会产生电压，勒夏忒列据此发明了热电偶。热电偶可用来测量温度。为了提高测量的灵敏度，可以将热电偶串联起来以获得更好的温度响应，这就是热电堆。早期的红外天文观测都是用热电偶或者热电堆进行的。

由于金属的电阻会随温度而变化， 1932 年铂金的电阻温度计诞生。20 世纪以后又发明了半导体温度传感器和金属氧化物温度计。20 世纪 50 年代开始使用硫化铅接收器。这种接收器可以用于波长在 1 ～ 4 微米范围内的红外区间。当红外线照射到硫化铅时，它的电阻会发生变化。通过对电阻的测量可以推导出辐射的大小。为了提高灵敏度，可以将接收器放置在 77 开尔文的低温杜瓦瓶中。1961 年，锗测温计的应用使红外观测取得了很大的突破。锗测温计灵敏度非常高，而且可以用于所有红外线范围。锗的导电率变化量和红外辐射量成正比，它可以在 4 开尔文的低温下工作。1983 年，红外天文卫星（IRAS）使用了具有 62 个像元的红外接收器，现在的红外望远镜已经可以使用大面积的红外 CCD 面阵接收器了。

红外望远镜的光学设计和一般光学望远镜没有太多不同。他们使用几乎相同的反射镜或者透镜，并且成像于接收器上。不过由于所有的物体，包括镜面本身，在红外区域都会向其周围空间辐射能量，从而使噪声进入焦点区域，所以红外天文望远镜的设计有一些它们自身的特点：

（1）红外望远镜常常拥有较大的焦比和较小的视场。

（2）红外望远镜常常使副镜尺寸略小于所需要的尺寸，这样望远镜的接收器就看不到相对温度高的主镜室装置。

（3）红外望远镜常常用摆动副镜的装置来排除天空背景光的影响。

（4）和光学望远镜不同，红外望远镜一般不使用任何遮挡光线的光阑。这些光阑将发射出相当能量的红外辐射，成为杂散光。而在光学望远镜中，为了减少杂散光的影响，常常要使用复杂的光阑将不需要的光线挡住。

（5）红外望远镜光路中的结构表面常常要涂镀高反射率、低辐射率的镀层。一些红外望远镜的部件采用镀金处理的方法，以减少进入接收器的辐射噪声。另外在望远镜中也要注意保持视场中不同视场角上背景辐射的一致性。

（6）红外望远镜常常使用致冷光阑来减少望远镜的总噪声。由于红外望远镜需要在白天进行观测，所以它往往需要比光学望远镜具有更高的指向精度。

03

形形色色的
红外天文望远镜

1800 年红外线被发现以后，1873 年克鲁克斯发明了一种光能辐射计（光风车）。这种光风车密封在半真空中，一般有 4 个金属叶片，叶片一边是抛光面，另一边是涂黑的表面（图 5）。由于叶片在两个方向上具有不同的辐射特点，所以这种仪器在光照下会不停地旋转。

那位建造了最大青铜镜面反射光学望远镜的罗斯就曾经用一个改进了的辐射计来观测月亮。后来尼科尔斯用同样的装置观测了两个恒星之间红外辐射的差别。尽管这种接收器的计量很不准确，但是由于尼科尔斯测量的值和现代红外测量值十分接近，美国著名红外天文学家乔治·里克称赞这次观测为历史上第一次红外天文观测。

20 世纪初，物理学家发明了热电堆式红外光度计，可以精确到星亮度的百分之几。但是天文学家并没有注意到物理学在这个领域内的发展，真正的红外天文是

图 5　克鲁克斯辐射计

在 20 世纪 50 年代红外探测器发展以后才开始的。早期很多的红外观测是在光学天文望远镜上进行的。天文学家曾经认为近红外区域是可见光的一部分。从理论上讲，应该用液态氮来降低红外望远镜的镜体的温度，并且将望远镜中较热的部分遮挡起来。因为这些具有室温的物体会在红外区域发出大量热能，这些外在能量的存在会使从星光接收到的信号变得微不足道。基于同样的原因，红外接收器本身也必须进行降温处理，否则会严重影响红外望远镜的灵敏度。

地球表面的几台为数不多的红外天文望远镜几乎全部建在高高的山顶上。其中夏威夷大岛 4200 米高的山顶上几乎安装了一大半地面红外天文望远镜。它们分别是 3 米美国航天局红外望远镜（1979）（图 6）、3.6 米加拿大 – 法国 – 夏威夷望远镜（1979）（图 7）、3.8 米英国红外望远镜（1978）和两台 10 米凯克望远镜。另外在智利高山上还有欧南台 3.6 米望远镜（1977）和 4.1 米天文可见光及红外巡天望远镜（VISTA）(2009)（图 8）。

图 6　3 米美国航天局红外天文望远镜

图 8　4.1 米天文可见光及红外巡天望远镜（VISTA）

图 7　3.6 米加拿大 – 法国 – 夏威夷红外望远镜

　　这里列出的 20 世纪 70 年代的红外天文望远镜和光学天文望远镜几乎大同小异。然而 21 世纪研制的 VISTA 光学红外望远镜则和经典光学望远镜有很大的不同。VISTA 的主镜呈很薄的等厚新月形双曲面形状，它焦比很小，为 F/1，即它的焦距和口径尺寸相同。主镜厚度仅仅是 17 厘米，中间是一个 1.2 米的中心孔。镜面是在俄国加工的，整个加工过程花费了 2 年时间。主镜的底面有 81 个力触动器，侧面有 24 个力触动器，可以对镜面形状进行主动控制。望远镜的副镜直径 1.24 米，支撑在 6 杆平台机构上，可以实现全方位的运动。

　　在 VISTA 的卡塞格林焦点上，是一个巨大的重 3 吨的红外照相机。照相机的前方是三片改正透镜。为了防止来自圆顶和望远镜本体的热辐射噪声，在改正镜的前面有一系列的冷却挡板。由于望远镜的副镜比光学设计的尺寸小，所以红外照相机看不到温度比较高的望远镜结构部分，在 4.1 米主镜中心焦点上看到的仅仅是其中直径 3.7 米的圆周。VISTA 的照相机同样有复杂的制冷装置，所用的制冷板长达 2 米。望远镜的视场是 1.65 度，照相机窗口口径为 0.95 米，在照相机中备有各种滤光片，用来选择所需要的红外频段。

　　红外观测除了在地球的高山顶上进行以外，也可以在高空运行的飞机或者气球上进行。在整个电磁波频段，总共只有两台机载天文望远镜，它们全部是红外天文望远镜：其中一台是 0.91 米柯伊伯机载天文台（图 9），另一台是 2.5 米索菲亚

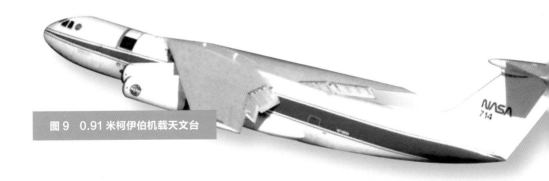

图 9　0.91 米柯伊伯机载天文台

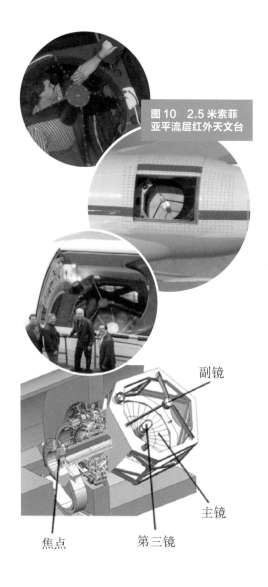

图10 2.5米索菲亚平流层红外天文台

副镜

主镜

第三镜

焦点

平流层红外天文台（图10）。

柯伊伯（1905–1973）是来自荷兰农村家庭的天文学家，他从小就喜欢天文。据说他的眼睛特别敏锐，可以看到7.5等星，比一般人的眼睛灵敏4倍。1933年他获得博士学位，先后就职于利克天文台、哈佛学院天文台和芝加哥大学。1937年，他发现了天王星和海王星的两颗卫星，1944年，他又发现了火星大气中的二氧化碳和土星卫星大气中的甲烷。在20世纪60年代，柯伊伯就开始利用机载望远镜进行观测活动。他的名字现在用于描绘在冥王星以外的一系列长周期小行星所在的区域。在这个区域，天文学家发现了许多小行星，这最终导致了冥王星被从太阳系九大行星中除名的命运。

柯伊伯机载天文台从1971年开始工作，一直到1995年停止运行。它的口径为91厘米，安装在一架C-141运输机上，飞行在高度为13千米的平流层之中。在这个高度上，去除了大气中99.5%的水分，所以可以在波长长的红外波段进行观测。这台望远镜有四个减振器，望远镜镜筒浮动在一个球面空气轴承上，飞机的振动对望远镜影响很小。望远镜利用陀螺仪和导星系统来实现精确指向，指向精度达2角秒。从望远镜中射出的光经过机舱隔层的平面镜反射，进入飞机内部的仪器之中。1977年，这台望远镜首次发现天王星的光环。1988年，它确定冥王星具有大气层，并且发现了超新星附近的重金属元素。

2001年，美国和德国联合研制的2.5米索菲亚平流层红外天文台开始运行。这台望远镜主镜直径2.7米，副镜尺寸为0.4米。它的镜筒同样悬浮在飞机侧面的一个巨大轴承内。望远镜被安置在一架波音747-SP飞机上。它的工作波长在0.3微米和1.6毫米之间。望远镜位于飞机后舱的前部，通过一个窗口进行天文观测。索菲亚平流层红外天文台的使用天区为20度和60度之间，它的指向精度为1角秒，跟踪精度为0.5角秒。在它的飞行高度上，可以获得从长波段直到15微米波长红外线衍射极限的星像。

机载望远镜的飞行高度仍然是有限制的，与此相比，气球望远镜所到达的高度更高，而且造价也更低。球载红外望远镜（图11）在早期红外天文观测中发挥了很重要的作用，它们比空间红外望远镜造价低很多，并且可以获得与空间望远镜类似的观测成果。

图11　球载红外天文望远镜

大型气球一般有很大的载荷能力，气球的自重一般是5000千克，体积是60000立方米，载荷能力为100千克。在气球的下部是用绳子连接的吊篮，球载天文望远镜就安装在这个吊篮之中。

气球的存在遮挡了球载望远镜上方大约20度范围的天区。如果使用非常长的吊绳，遮挡角可以减少到只有2度左右。在球载望远镜设计中，吊篮的稳定性是一个非常重要的考虑因素。当球载系统处在10～50千米高度时，受平流层风力影响会产生运动。当处在 30 千米高度时，风力会显著增加，这个高度的典型风速是每小时 45 千米。望远镜吊篮必须隔离的运动是整个气球的缓慢旋转运动。这个旋转常常是不均匀的，有时也有反转运动。运动的最大速度是每 8 分钟转一周。吊篮的另一个运动是相对于吊绳的摆动，摆动周期大约是 15 秒。翻转和双摆运动也可能在系统重心附近产生。这种运动的频率是 1 ~ 2 赫兹。吊篮的地平方位稳定性是用磁强计来保证的，吊篮中还载有陀螺仪和星跟踪器，用于在地平和高度上的短期指向校正。

球载望远镜的结构和其他望远镜不同，一般不使用地平式支撑装置，而采用三轴支撑系统，即地平、高度和水平轴的支撑系统。高度轴位于地平轴上面，支撑着一个方框，这个方框支撑着水平轴。高度轴和水平轴共同决定望远镜的高度角。

球载望远镜尺寸一般较小，造价不太高，非常适合于在起步期间进行高空红外观测。球载望远镜带有供着陆用的降落伞以及和气球分离用的自动切割装置。当这些装置失灵的时候，望远镜就会丢失。由于机载红外望远镜成本大，相对比较复杂，所工作的空间高度有时还低于球载望远镜，所以很多国家都放飞过球载红外望远镜。我国在 20 世纪 80 年代就曾经试制和放飞过球载红外望远镜。

在红外观测中，科学家也曾经发射过火箭望远镜。火箭红外望远镜成本高，收益低，所以几乎只有军方使用过。20 世纪 60 年代，美国空军积累了多次、总共长达 10 小时的火箭红外观测结果，发表了一个包括 2000 多颗红外星的详细星表，这仅仅相当于红外卫星观测几天的成果。

早期的卫星红外望远镜口

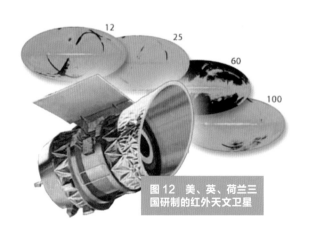

图 12　美、英、荷兰三国研制的红外天文卫星

径很小。1983 年 1 月，美、英、荷兰三国联合起来将一个 57 厘米红外空间望远镜送上了绕地球旋转的空间轨道，这一望远镜被称为红外天文卫星（IRAS）（图 12）。它的焦比为 9.6，视场共 30 角分。美国负责制冷的望远镜和探测器，该望远镜总共携带 72 千克的液氦，可以使镜体冷却到 10 开尔文；荷兰负责卫星体；英国负责卫星的地面控制。这台望远镜焦面上有用于巡天的探测器，有用于位置重建的星传感器，还有低分辨率光谱仪和摆动式光度计。望远镜于 1983 年 2 月 8 日开始工作，至同年 11 月 21 日终止，前后共 9 个多月，观测了 95% 的天空区域，获取了大约 350000 颗红外星的资料，使得红外星表中星的数量增加了 70%。1990 年升空的 2.4 米哈勃空间望远镜也同时是一台红外和紫外望远镜，它配备有很重要的红外和紫外仪器。

自红外天文卫星以后，比较重要的红外空间望远镜是欧洲空间局、日本航天局和美国国家航天局联合研制的红外空间天文台（ISO）（图 13）。红外空间天文台是一个高性能、大视场的 60 厘米红外望远镜。它的总预算是 4.8 亿欧元，焦比为 f/15，采用了 R-C 光学系统。在它的主镜后面，是一个金

图 13　1996 年发射的红外空间天文台（ISO）

字塔一样的反射镜，使星光分别射入 4 个焦点仪器上。红外空间天文台使用液氦制冷，总共携带有 2268 升液氦。望远镜全部重量为 2.5 吨。这台望远镜于 1995 年 11 月发射升空。升空以后望远镜的温度保持在 3.4 开尔文，接收器温度保持在 1.9 开尔文。1996 年 5 月底望远镜无意中指向地球，使仪器温度一下子升高 10 度。尽管发生了这个事故，它的使用寿命仍然超过了预期的 18 个月，达到了 28 个月零 22 天，其中包括 2 个月的试观测期。红外空间天文台的整体灵敏度比 13 年前

图 14　斯皮策空间望远镜和它所获得的图像

的红外天文卫星的高 1000 倍，它在 12 微米处的分辨率比红外天文卫星的高 100 倍。在后来的天文卫星中，太空中途红外实验上也搭载了较大口径的红外望远镜。

斯皮策空间望远镜（SST）（图 14），即空间红外望远镜设备（SIRTF），是一台 0.85 米红外空间望远镜。它于 2003 年升空，望远镜的工作波长在 6.5 微米到 180 微米之间，主要进行成像和光谱观测。整个望远镜和仪器均制冷到 5.5 开尔文的低温。斯皮策空间望远镜工作在一条位于地球公转轨道后方的、环绕太阳的轨道上。望远镜的预计使用寿命是 5 年，但是它一直正常工作到了 2009 年 5 月 15 日液氦全部耗尽时为止。不过仍有两台工作在最短波长的仪器继续工作了一段时间，直到 2020 年 1 月 30 日，望远镜彻底结束了任务。这台望远镜的总造价为 8 亿美元，它获得了许多十分漂亮的天文照片（图 14）。

斯皮策（1914—1997）是一名理论物理学家，1938 年他在普林斯顿大学获得博士学位。他是美国著名智库兰德公司的科学家。他曾在 1946 年一份报告中

指出建造空间天文望远镜的意义和可能
性。当哈勃空间望远镜升空时，他仍然
活着，所以没有能够用他的名字来命名
那台望远镜。斯皮策还是曼哈顿工程的
早期领导者，1997年他在工作后突然去世。

图15　日本的光亮号红外天文卫星

　　2006 年 2 月 21 日，日本发射了
光亮号红外天文卫星（图 15），它是一
台 0.67 米红外天文望远镜。它的主镜第一次使用了碳化硅新型镜面材料，主镜表
面镀金。光亮号使用了非常轻的铍金属副镜支撑，设计、建造望远镜总共花费了
134 亿日元（相当于 1.1 亿美元）。2007 年 8 月 26 日，该望远镜所携带的液氦
全部耗尽，望远镜所有的中红外和远红外的观测工作全部停止。由于液氦蒸发，望
远镜轨道不断上升。2007 年 12 月，日本宇航局将卫星轨道调整回到原来的理想
轨道。2011 年 11 月 24 日，整台望远镜停止工作。

　　2009 年，欧洲空间局发射了 3.5 米赫歇尔空间天文台（图 16）。以赫歇尔之
名纪念红外线的发现者，替代其早期的名字，即远红外和亚毫米波望远镜（FIRST）。

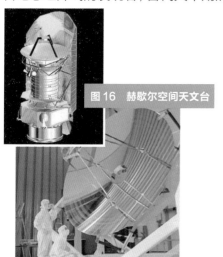

图16　赫歇尔空间天文台

这是至今为止口径最大的一台空间远红外
和亚毫米波天文望远镜。它的主镜同样也
采用了碳化硅镜面材料，并在表面镀金。
赫歇尔空间天文台的总经费是 11 亿欧元。
2013 年 4 月 29 日，望远镜因为制冷剂
用尽而停止工作。这台望远镜的工作轨道
位于拉格朗日点 L2 点上。欧洲空间局的
下一个重要工程是宇宙学与天体物理学空
间红外望远镜（SPICA）。这是一台 2.5

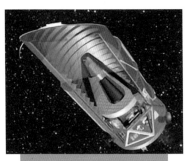

图 17　大视场红外巡天望远镜

米红外空间望远镜，计划在 2025 年以后升空。

与此同时，美国国家航天局也有一个计划，即大视场红外巡天望远镜（WFIRST）（图17），后改名为南希·格雷丝·罗曼空间望远镜。这是一台 1.3 米口径、三镜面的偏轴大视场望远镜。它的视场面积是哈勃空间望远镜的 100 倍，使用已有的超低膨胀材料的三明治主镜和光学系统，整个仪器用固体氢来冷却，总预算是 16.3 亿美元。该望远镜的星冕仪可以观测到太阳系外的行星，由于它的视场大，所以可以观测到距离恒星较远的类地行星，并发现行星上的冰和大气层。这台望远镜预计将于 2026 或 2027 年升空。

2022 年升空的 6.5 米韦布空间望远镜是目前为止口径最大的空间红外望远镜。它的主镜是由 18 块六边形的子镜面拼接而成的。韦布空间望远镜最初的预算是 5 亿美元，后来已经增加到近 100 亿美元。除了预算的不断增加，它还面临了不少技术上的挑战。韦布空间望远镜的空间轨道位于拉格朗日点 L2 点上。它的发展情况将在本丛书后面的分册中予以介绍。

04
紫外
天文望远镜

　　紫外线的波长大致从 10 ～ 91 纳米一直延伸到 390 ～ 400 纳米。在地面上只能观测到波长在 310 ～ 400 纳米的近紫外辐射，其他紫外波段的辐射全部被大气中的臭氧层所吸收。因为臭氧层高度在 20 千米至 40 千米左右，所以只能利用火箭和各种各样的空间望远镜来进行紫外天文观测。由于紫外线波长比可见光短，所以它的衍射光斑比较小。利用这个特点，紫外光已经被大量应用于集成电路的光刻设备之中，以获得更小的芯片分辨单元。

　　近紫外望远镜和光学望远镜非常相似。但是由于紫外线的能量大，所以镜面镀层的吸收变得更严重。在极紫外波段，应该采用类似 X 射线掠射式望远镜的光学系统，或者采用在反射镜表面涂镀多层钼硅薄膜的方法来增加镜面在一些波长上的反射率。典型的增加反射率的交替镀层应该有 100 层，每层厚度大约 10 纳米。镀层厚度要严格控制，使所需要反射的紫外光能够取得相干增强的效果。经过这样的处理，镜面对紫外线的反射率可以达到 50% 左右。

　　衍射光栅是紫外观测中常用的一种分光工具。在一些极紫外望远镜的主镜面上，一种薄铝膜形成的滤光片只能使 40 ~ 70 纳米的紫外线通过。一些极紫外望远镜还使用铱或者铱等重金属镀膜来增加镜面的反射率。由于紫外线反射损失很大，极紫外望远镜应该尽量减少反射镜面的数量。

20 世纪 40 年代，天文学家开始利用火箭进行紫外天文观测，之后又发展出了球载紫外望远镜。这些球载望远镜可以上升到 30 千米的高度，摆脱 99% 大气层对紫外线的吸收。球载望远镜数量较多，但是专门用于紫外波段观测的并不多。

2009 年，德国放飞了一台专门在紫外区域近 200 纳米波长上研究太阳磁场的 1 米大口径日出球载太阳天文台（图 18）。这台望远镜装备了成像稳定器和用来

图 18　德国马普所的日出球载太阳天文台

观测太阳的自适应光学仪器。望远镜的第一次放飞是在 2009 年 6 月 8 至 14 日，第二次放飞在 2013 年 6 月 12 至 17 日，两次放飞地点均为瑞典，落地地点均在加拿大北部。该望远镜重量为 2 吨，是现有的口径最大的紫外球载太阳望远镜。它分辨率很高，可以达到 0.1 角秒以下。图 19 是该望远镜的镜筒和吊篮。

图 19 日出球载太阳天文台的镜筒和吊篮结构

最早的紫外天文卫星于 1964 年发射升空。当时的探测器十分简单，就是一个光电管。1966 年才真正使用小望远镜进行观测。轨道天文台 1 号使用了小望远镜来确定恒星在紫外部分的能量分布（图 20）。遗憾的是，轨道天文台 1 号升空后没能向地面发回观测数据。

轨道天文台 2 号于 1968 年 12 月成功发射并进行了紫外巡天。轨道天文台 2 号的望远镜口径为 20 厘米。1972 年 8 月，轨道天文台 3 号升空，它是一台 80 厘米卡塞格林望远镜，这台望远镜被命名为哥白尼天文卫星，工作时间长达 3 年。

图 20 轨道天文台 1 号

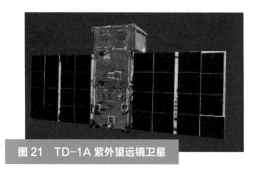

图21 TD-1A 紫外望远镜卫星

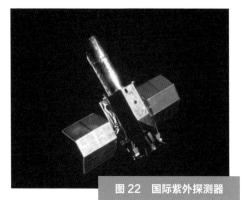

图22 国际紫外探测器

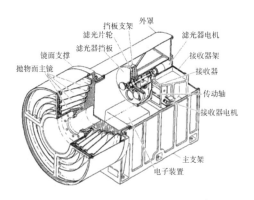

图23 阿波罗－联盟号实验计划上的紫外掠射望远镜

当时苏联也发射了一些紫外卫星。1971 年，法国发射了 D2A 紫外分析卫星。1972 年，欧洲发射了紫外卫星 TD-1A 卫星（图21）。另外在同年发射的阿波罗16号上也有一台远紫外照相机和光谱仪。

比较重要的紫外探测卫星是1978年发射的国际紫外探测器（图22）。这是一个美欧合作项目，望远镜直径为45厘米，长度为4.2米，重量为700千克，工作波长为 100 ~ 320 纳米，它在紫外天文研究中发挥了很大作用。

之后的紫外卫星还有1990年法国和苏联合作的天文卫星。它的工作波长为 150 ~ 350 纳米，是一台0.5米紫外望远镜。

在极紫外区域的观测和在 X 射线频段的一样，需要使用掠射望远镜。1975年阿波罗－联盟号实验计划中包括一台紫外掠射望远镜（图23），它包含四个单元，口径为37厘米。这一联合实验取得了很大成功。后来又有了两次紫外观测的成功尝试，一次是利用安装在德国伦琴 X 射线天文台上的英国极紫外大视场照相机，另一次是利用 1992 年美国发射的极紫外探测器。

极紫外探测器安装在一个通用的空间舱中，一共包括四台掠射望远镜，口径均为 40 厘米，铝镜面镀有金膜以增大反射率。四台掠射望远镜中的三台望远镜轴线互相平行，指向同一个方向，可以在 6 个月的时间内完成对全部天区的巡天观测。另外一台视场比较小，用于深度巡天工作。望远镜在 7 ~ 76 纳米的极短波长范围内工作。之后在极紫外区域观测的还有轨道回收极紫外光谱仪，光谱仪于 1993 年和 1996 年两度升空，是一台口径 1 米的经典望远镜。

1995 年发射的太阳和日球层探测器（SOHO）（图 24）上有一台极紫外成像望远镜。这颗卫星工作在拉格朗日点 L1 点上。1998 年 6 月，望远镜的陀螺仪发生故障，卫星不断翻转，电源中断。为了搜寻这颗卫星，不得不动用 300 米的阿雷西博射电望远镜进行雷达定位。原来卫星的侧面正对准太阳，整个卫星以每分

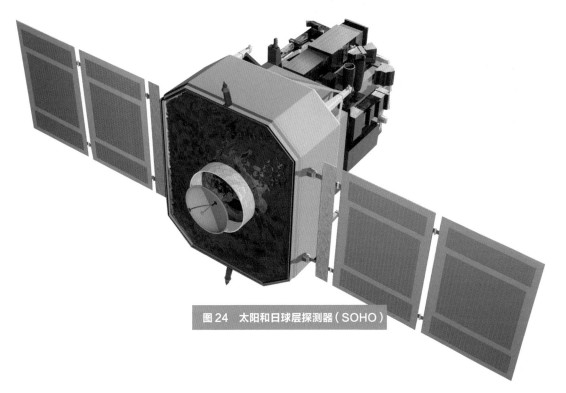

图 24　太阳和日球层探测器（SOHO）

钟一转的速度不停旋转。在失去联系一个多月以后，卫星的信号终于又被接收到。经过充电，加热已经冻结的燃料来调整姿态，终于使卫星恢复到正常姿态。在故障发生三个月之后，整颗卫星恢复正常工作，这时卫星上的陀螺仪只有一台还在工作。当年 12 月，唯一的一台陀螺仪发生故障，因此只能用推进火箭来控制卫星的姿态。在消耗了 7 千克燃料之后，1999 年 2 月欧洲空间局终于开发出了一种不使用陀螺仪的姿态控制新方法。

1999 年 6 月发射的远紫外分光探测器一直工作到 2007 年 7 月。这台望远镜也包括四组镜面，全部都是偏轴抛物面。这些用于短波段紫外线观测的镜面使用了碳化硅镀层，而用于长波段观测的则是在镀铝层上再镀氟化锂层。

图 25　过渡区成像摄谱仪

2003 年，美国、韩国和法国发射了 GALEX 星系演化探测器用于巡天工作。它的视场较大，口径为 50 厘米，望远镜工作了 29 个月。2012 年，美国又发射了一台紫外小天文卫星，称为过渡区成像摄谱仪（图 25）。这是一台口径为 20 厘米的紫外望远镜，它可以进行光谱工作，同时也可以进行成像工作。

当下，紫外波段的天文观测仍然稍显薄弱。中国天文学家们正在利用这个机会，积极进行理论和技术上的准备，争取在这个方向上有所作为。

05
X 射线的特点

1895 年 11 月 8 日，已经 50 岁的德国物理学家伦琴偶然发现从阴极射线管（图 26）内会发出一种特殊辐射，这种辐射能够穿透不透明的薄铝膜或硬纸板，当辐射投射到涂有钡盐的感光片上时，会激发出感光片上的荧光。当时阴极射线管是研究人员常用的仪器。阴极射线管是一个真空玻璃管，里面固定着正负电极。当通上高压以后，从阴极面上会产生阴极射线，这种阴极射线投射到玻璃管上会产生辉光，辉光出现在从阴极到阳极之间，不过阴极射线不会透射到阴极射线管的外面。

这一天，伦琴结束工作以后，将阴极射线管用不透明的硬纸板严严实实地包裹起来，实验室里面一片漆黑。但是他突然发现在离阴极射线管二米以外的桌子上，在一些涂有钡盐的感光片上，出现了明显的荧光。他将感光片涂有钡盐的一面向下放置，仍然会看到这种荧光。他又将感光片远离阴极射线管，荧光现象仍然会发生。他使用不同的东西遮挡感光片，情况也没有任何变化。

伦琴发现这种辐射不受磁场影响，可以穿透多种材料。当用手遮挡它时，他获得了手指骨头和金属戒指的图像。经过一个星期的反复试验，伦琴获得了他的夫人手指骨头的照片（图 26）。他将这种射线命名为 X 射线，即未知辐射的意思，和居里夫人一样，他拒绝为他的发现申请任何专利。

现在人们已经知道阴极射线，即贝塔射线，是由一个个电子组成的。当运动电子和玻璃接触时，一部分能量传递给玻璃原子中的电子，使电子进入较高能级。当这种电子返回到原有能级时，就会发生辉光现象。当在电场中加速后的电子撞击到正电极，电子接近电极原子核电场的时候，它的速度会急剧减少，发生很大的变化，这时电子所损失的能量就转变成 X 射线光子的能量。在物理学中，这种现象被称为韧致辐射。

50 天之后的 1895 年 12 月 28 日，伦琴发表了一篇重要论文，题为《一种新的 X 射线》。伦琴的发现立刻就引起了科学家和普通民众的轰动。在一个月时间内，这种方法就已经用于欧洲和美国的医疗检查，为外科手术提供人体器官的照片。

1896 年 1 月 5 日维也纳《新闻报》抢先作出报道，1 月 6 日伦敦《每日记事》向全世界发布消息，宣告发现 X 射线。这些宣传轰动了当时国际学术界，论文《初

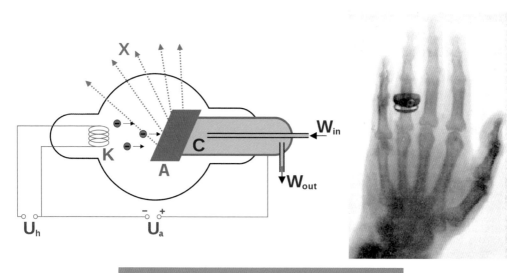

图 26　发现 X 射线的阴极射线管和伦琴夫人手的 X 光照片

步报告》在 3 个月之内就被印刷了 5 次，并立即被翻译成英、法、意、俄等国文字。1 月中旬，伦琴应召来到柏林皇宫，当着威廉皇帝和王公大臣们的面做演示。6 个月不到，这种方法就被战地医院用来发现伤员身上的子弹头。这几乎是第一次也可能是唯一一次，一个科学发现造成了如此大的公众影响。

X 射线作为世纪之交的三大发现之一，引起了学术界极大的研究热情。据统计，仅 1896 年，世界各国发表的相关论文就有一千多篇，出版的相关小册子有 50 多种。

因为这个重要的发现，维尔兹堡大学授予伦琴荣誉医学博士学位。1901 年他成为诺贝尔物理学奖建立以来的第一个获奖者。他将自己的奖金全部捐赠给他的大学。诺贝尔奖章程中要求每个获奖者发表获奖感言，伦琴却没有发表获奖感言。这位著名的科学家不爱在公共场所抛头露面，他一生中经常躲避这样的发言。1923 年，伦琴因肠癌去世，享年七十八岁。人们并不认为伦琴的癌症是放射性工作导致的，他是当时少数几位特别注意用铅层防护放射性射线的科学家之一。然而在伦琴的时代有一大批十分优秀的医生和科学家，由于不知道 X 射线对人体的危害，没有对身体进行很好的保护，均不幸地过早死于 X 射线所引起的癌症之下。

2004 年，国际理论和应用化学联合会用伦琴的名字命名了第 111 号元素。X 射线的发现对后来放射性的发现、伽马射线的发现以及对原子结构的认识均具有至关重要的作用。

X 射线也被称为伦琴射线，是电磁波的一部分，它的波长小于紫外线，大于伽马射线，在 0.01 纳米到 10 纳米之间。

物理学中，常常将电磁波频谱上各种辐射的最小能量单位称为光子。早在 16 世纪，牛顿就首先用粒子来描绘了可见光传播的几何特性。之后惠更斯发现了光的波动性，18 世纪电磁波的波动特点也被很多实验所证实，所以光的粒子说远远地被抛在一边。一直到爱因斯坦解释了光电效应的时候，人们才又一次认识到单色光的能量具有量子化的特点。也就是说一定频率的光，其能量是不连续的，它只能是一个最小能量的倍数，而这个最小能量就是这个频率的光子能量。1926 年，"光子"这个名称正式出现。

那么究竟什么是光子呢？一个光子就是一束量子化的能量，具体地讲是一种电磁能或光能。光子是在该频率上最小的、不可以再分解的光能的基本单位。光子本身不带电荷，它永远处于不停地运动之中，它在真空中的速度是每秒 30 万千米。光子和其他粒子，如质子，中子和电子等都不相同，它没有静止质量，也没有静止能量。它的能量和动量与波长成反比，和频率成正比。光子可以消失，也可以诞生。它可以和电子或者其他粒子发生作用。

X 射线是一种高能量的光子束，它的波长很小，它的特性常常用它的光子能量来表示，能量单位是电子伏特。1 电子伏特是一个电子通过 1 伏特的静电电压，在真空中加速以后所具有的能量。如果用纳米表示它的波长，用电子伏特来表示它的能量，则任何电磁波的波长数和能量数的乘积恒等于 1240。波长为 10 纳米的 X 射线将具有 120 电子伏特的能量，这是 X 射线中能量最低的频段。能量在 120 ~ 1200 电子伏特的 X 射线被称为软 X 射线，而能量在 0.12 万 ~ 12 万电子伏特的 X 射线被称为硬 X 射线。

X 射线可以穿透大部分物质，一般不会产生反射。只有在掠射角很小的时候，软 X 射线可以实现小角度掠射。利用 X 射线掠射的这个特点，可以制造 X 射线掠射成像望远镜。X 射线和比它能量更高的伽马射线之间没有一个严格的分界线。一般来说，波长小于 0.01 纳米的电磁波辐射被称为伽马射线。

来自宇宙中的 X 射线不能够穿透地球大气层，能量很高的 X 射线可以到达大气层上空 20 千米的地方。所以对 X 射线的直接天文观测只能够利用火箭、气球或者发射空间望远镜来进行。

X 射线的探测和可见光的探测有很大区别。在可见光区域，光源常常发出大量可见光光子。而光学望远镜在收集这些光子后聚焦在接收器上，显示出光源的图像。单个光子是不容易被看到的，而大量光子在接收器上会产生明显的信号。但是 X 射线观测则不同，只有依靠一个个 X 射线光子的积累，才能获得光源的图像。X 射线能量高，所以接收单个光子也比较容易。但同时天空中的 X 射线源发射到地球附近的光子数并不是很多。

利用 X 射线进行的观测在天文学的发展中有着十分重要的意义，X 射线所观测的区域常常是温度高达几百万度的高温区域，或者是包含了达到了相对论应用范围的巨大能量的区域。这些高能现象是宇宙动力学理论的重点研究对象。

06

X 射线探测器的发展

X 射线天文学的发展开始于 20 世纪 50 年代，因为地球大气对 X 射线和伽马射线的吸收，大气层对 X 射线和伽马射线是不透明的。X 射线波段的天文观测只有依靠空间技术的发展与进步，利用 X 射线空间望远镜进行。X 射线波段的天文观测主要观测四个重要参量，它们分别是光子的入射方向、能量、到达时间以及极化特点。

早期 X 射线探测器原本是核物理领域中探测带电粒子所使用的气体室。这种仪器的基本形式就是两个用空气或者特殊的气体分离开的电极。利用气体室可以探测进入气体室内，使气体分子离子化的高能粒子。1908 年卢瑟福和盖革发明了用于探测阿尔法粒子的气体室，1912 年赫斯利用这种气体室探测器在气球吊篮上发现了大气高层的宇宙线粒子。后来这种气体室探测器获得进一步发展，产生了正比计数器和气体闪烁正比计数器等类似仪器。

气体室探测器基本上就是一个充满惰性气体和其他气体的电容器。当辐射进入时，气体分子被电离，产生电子和离子。电子和离子分别被相应的正负电极所吸收，而带电粒子在电场中加速会获得新的能量，所以在电极上会显示出明确的信号。这种接收器有几个不同的名称：如果电场强度比较小，电子和离子刚刚可以被电极俘获，称为电离室；如果电场强度比较高，电子在加速过程中获得足够能量，能够激发气体分子中原子释放出紫外线，这时称为气体闪烁正比计数器；如果继续提高电场强度，电子能量变大，它的撞击可以使气体分子产生连续雪崩式的电离，若总电子数与原来电子数始终成正比，就称为正比计数器；如果再继续增强电场强度，总电子数会饱和，和原来产生的电子数不成比例，则称为盖革计数器；当电场强度再进一步增加，就会产生火花，仪器就会变成火花室。

正比计数器（图 27）是一种最简单的气体室探测器。它可以测量粒子能量，区分粒子类型。通俗地讲，正比计数器就是将日常应用的荧光灯反过来使用。在荧光灯灯管中充有惰性气体，惰性气体在电压作用下会发生电离，形成导电电流，运动中的气体离子与汞原子碰撞后会产生光子。这时光子大部分集中在紫外区域，而高能量的紫外光子和荧光粉发生作用就会产生白色的可见光。在正比计数器中，X射线和气体分子发生作用而产生电子离子对，一般产生一个电子离子对所需的能量在 25 至 30 电子伏特之间。负电子和正离子在电场中分别向正极和负极方向移动，从而形成电流。通过测量电流的大小和位置就可以大致确定 X 射线源的能量和位置。

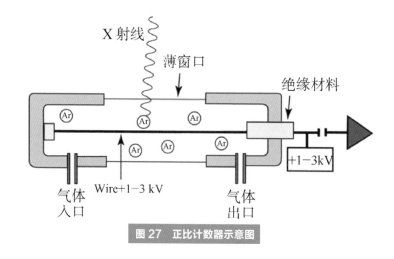

图 27　正比计数器示意图

正比计数器的特点是通光面积可以很大。如果将正比计数器的内部分区，就可以获得比较好的空间分辨率。正比计数器和盖革计数器或气体计数器的原理基本相同。

在空间对 X 射线的观测不可避免地受到天空中背景宇宙线的影响，所以必须采用复杂的方法来区别 X 射线所产生的和由其他粒子所产生的荧光。一种减少杂散光的有效方法是限制所接收粒子的能量范围。这样探测器的深度应该足够大，使最小的可以使气体分子电离的粒子能量大于所探测的 X 射线的最大能量。一般探测器探测的最低能量由正比计数器窗口和飞行器的热隔板的吸收特性所决定，而它的最高能量则由计数器中的气体透射特点所决定。在 X 射线望远镜中，计数器的窗口常常使用铝或铍等金属材料制成。另外从离子云的形状上也可以进行这种区分，X 射线所形成的离子云不像宇宙线粒子所形成的那样大，它很像一个个小点。

为了提高正比计数器的空间分辨率，实现对目标天体的成像，可以使用大面积的气体室，同时在气体室内部增加很多分区的正负极网格，形成由一个个多层丝栅构成的区域电容器。这样根据正负极电流所产生的区域，就可以确定 X 射线入射的具体方位，从而可以确定 X 射线源的方向。一般靠近气体室底部和边缘的区域可以用于鉴定信号或噪声。这种多栅丝正比计数器（图28）的发明者在 1992 年获得诺贝尔奖。

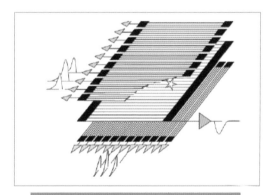

图 28　空间分辨率很高的多栅丝正比计数器

微通道板（图29）、半导体固体器件及测热计等，主要用于对 X 射线的流量进行测量，确定源的空间分布、辐射频谱和其他辐射性能。微通道板和光电倍增管的原理非常相似。在这种板上有密集的孔管，孔的大小是 10 微米左右，孔之间的距离是 15 微米。在孔管的内壁是可以产生电子雪崩的半导体材料。当粒

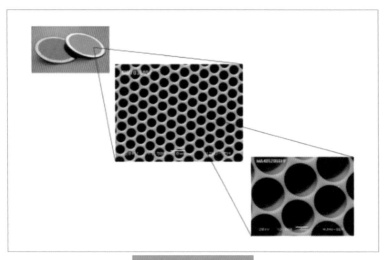

图 29　微通道板的结构

子打击孔板内壁时，这些孔管可以不断地产生新的光电子。同时随着光电子的新碰撞，在电场作用下，光电子会像雪崩一样，出现倍增效应，从而使信息量放大。它的缺点是所产生的电流量和入射光子数量并不严格成比例。在微通道板的下面，阳极接收器会给出电流大小或者使光源直接成像。现在制造微通道板的技术已经十分成熟，所以可以制造出大面积的 X 射线接收器。微通道板的性能一般不受外来磁场的影响。

　　半导体固体器件就是所谓的 X 射线 CCD（图 30），它们由加入锂或锗的硅片构成，当 X 射线光子进入时，会产生输出信号。不过半导体固体器件不像光学 CCD 那样仅仅测量接触到接收器表面光子的影响，它们还可以测量穿透到接收器内部相当深度的 X 射线粒子，并将它们的信号全部集中起来。

　　半导体固体器件的缺点是接收面积较小，因此只适用于聚焦望远镜的焦面上。在半导体固体器件中，也有一种间接的 CCD。这时 X 射线首先打击表面的磷光材料，从而产生可见光光子，然后将可见光光子记录在可见光 CCD 上，来进行间接观测。因为在这方面工作上取得的成就，相关科学家获得了 2009 年诺贝尔物理学奖。

图 30   X 射线 CCD 的结构

闪烁材料，比如碘化钠，是一种晶体材料。它们可以将 X 射线光子转化为可见光光子，然后使用光电倍增管来测量这些可见光光子。这种光电装置被称为闪烁计数器。这种闪烁计数器也可以对 X 射线光源进行成像。为了获得 X 射线的频谱，可以使用衍射晶体来分开不同能量的 X 射线光子，使用这种方法的仪器被称为 X 射线色散光谱仪。

测温计（图 31）是高能粒子领域中的一种十分重要的能量检测装置。它常常工作在极低的温度下，探测单个的 X 射线光子。测温计包括能量吸收体、恒温源、温度测量仪器、热能反馈装置（通常是一个微弱连接通道）和精密控制系统。能量吸收体和恒温源首先预冷却到一定的低温，当 X

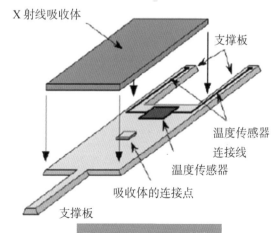

图 31   ASTRO-H X 射线天文卫星使用的 X 射线测温计

射线粒子和吸收体作用以后，能量吸收体因为能量的增加会产生微小的温度变化，这个微小温度变化可以使低温超导体变成普通材料，电阻大幅增加。温度测量仪器根据电阻变化给出信号，通过控制系统启动热能反馈装置以降低吸收体的热量，进而可以精确地计算出 X 射线或者其他粒子所带来的能量。

07

早期 X 射线
望远镜

由于 X 射线能量特别大，它可以穿透大部分材料，不能在光学透镜表面或镜面上折射或反射而对光源聚焦成像，所以 X 射线望远镜必须采用新型且特别的望远镜形式。早期 X 射线望远镜使用过针孔照相机的成像形式，这种形式具有很好的方向性。针孔照相机原来应用于可见光区域，但是它同样可以应用于其他任何波长的电磁波区域，这时小孔所在的屏幕必须对 X 射线不透明。然而小孔的通光口径非常小，孔径大了以后，图像分辨率则会降低。所以通光口径不可能任意扩张，只能获得非常差的灵敏度，不满足天文望远镜对集光面积的要求。早期比较适用于 X 射线望远镜的结构包括网格式准直器、"虾眼式"聚焦准直器、调制准直器，双栅孔 (bigrid) 准直器和编码孔等多种结构。

任何一个探测器借助于其自身的机械边框，都具有一定的方向性。非针孔的接收器本身方向性很差，可以看到的天空范围比较大。为了提高它的方向性，限制视场的大小，可以在探测器前放置机械式的准直器，这时的接收器如同井底之蛙一样，只能看到很小的一片天区。最简单的一种结构是网格式准直器（图32)，它的截面

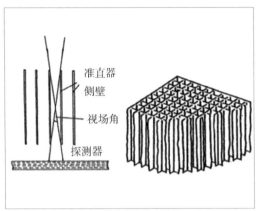

图 32 网格式的准直器

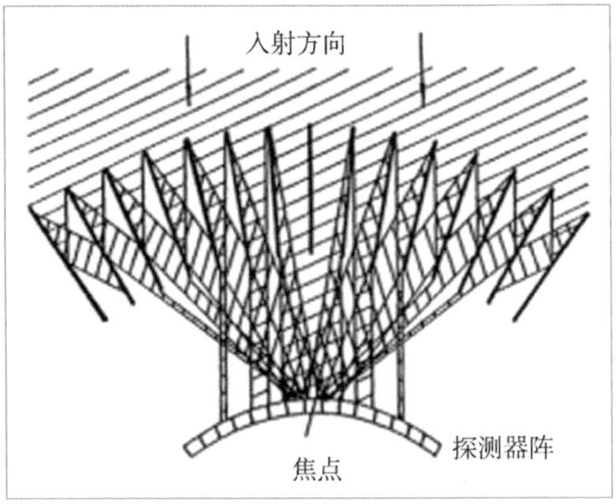

图 33 "虾眼式"聚焦准直器

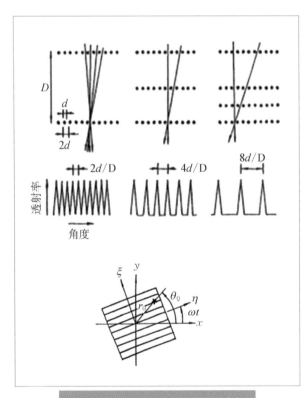

图 34 平行或者旋转式的栅丝调制准直器

呈一个个正方形的网格式柱状结构。这种准直器没有任何聚焦作用。

另一种有聚焦作用的装置被称为"虾眼式"聚焦准直器（图 33），它因模仿了龙虾眼睛的结构而得名。它由很多不同倾角的网格组成，离中心越远，网格的倾角就越大，而中心的网格正垂直于接收器表面，接收器位于一个凸曲面上，所以这种网格具有一定的聚焦作用，但是存在有像差和背景亮度等问题。它的优点是视场角很大，可以覆盖很大的天区，适宜于对全天区进行监测。上面这两种准直器都被应用于早期的 X 射线天文观测之中。

单层的固定准直器指向精度很低。为了提高在天文观测中的指向精度，可以使用一种特殊的调制准直器（图 34）。这种准直器包括几层互相平行的栅丝，从而形成一系列重复的窗口，这时观测的角分辨率和图像的周期性都取决于各栅丝层的间距以及各层栅丝之间的距离。在栅丝组合中插入新的或取出一层或两层栅丝，调制准直器的分辨率和周期性会不断改变。如果对一个天区进行重复的、包含有不同组合层栅丝的观测，通过计算，便可以从观测信号的周期性中确定 X 射线源的方位。应用这种方法得到的定位精度可以达到 1 角分以内。

在栅丝调制准直器中，还有一种旋转式的调制准直器。这种准直器包括两组栅丝，在观测时，一组栅丝相对于另一组不断地旋转。这时观测的星像位置将随之不断变化。根据所获得的星像位置和栅丝旋转的方向和速度，可以推算出天体在空间中的位置。这种探测器往往具有更好的指向精度。由于在观测时会受到宇宙线粒子的攻击，使接收器上产生很多本底，所以使用这些方法仍然不能获得非常高的分辨率和灵敏度。

双层栅孔式准直器分为两种类型：一种将透射过两层栅孔的光子流量按照光源的空间分布进行调制，称为空间调制；另一种使透射过的光子流量按照时间进行调制，称为时间调制。

在空间调制的准直器中，两组互相分离的栅孔格板的周期或者方向有很小的差别，这样对从某一个方向入射的射线，所透射的光子量便会形成一种摩尔条纹式的分布。摩尔条纹的相位，即光强的最大值的位置，非常敏感地和光源入射方向直接相关。尽管在摩尔条纹中有很多非常窄的条纹，但是并不需要探测器具有很高的分辨率，只要探测器能够得到大的尺度，即栅孔本身尺度的光强分布就可以了，而观测所取得的光源方向上的分辨率则要高得多。

在时间调制的准直器中，上下两组栅孔具有相同的周期和方向。如果光源的方向随时间而不断改变，则栅孔透过的光强也将随时间的变化而变化。这时所使用的探测器甚至可以对空间分辨率没有任何要求。所以探测器可以根据其他准则进行选择，比如从频谱响应或频谱分辨率的角度来决定。这时的观测分辨率则取决于栅格的半周期和两栅格之间的距离。

编码孔望远镜主要用于高能量的 X 射线和伽马射线观测，关于编码孔望远镜的特点，将在伽马射线望远镜的部分进行介绍。

08

X 射线掠射望远镜

由于 X 射线能量很大，可以穿透大多数材料，所以一般不能通过普通光学望远镜来反射聚焦。同时由于 X 射线的波长和原子尺寸相当，这使得它在任何介质中的折射率都近似于 1，所以也不存在 X 射线波段的折射光学系统。

1912 年，物理学家发现 X 射线在晶体内会产生如同在光栅上产生的衍射现象。1923 年，康普顿发现 X 射线可以在很小角度下通过光滑表面而产生掠射。当 X 射线和反射面之间夹角非常小时，它传递给镜面的能量非常少，从而实现全反射。X 射线的这个特点就如同在河面上用瓦片打水漂一样，当瓦片与水面之间的角度很小时，尽管瓦片很重也不会沉入水中，而会以同样大小的反射角在水面上弹起。

这种在反射面上以很小角度实现全反射的能力可以用材料的临界角来表示。临界角大小和镜面材料折射率与常数 1 的差相关。而材料折射率和 X 射线的频率及材料的原子序数相关。所以临界角的大小取决于 X 射线的能量和镜面材料的原子序数。X 射线的能量越大，实现全反射的临界角就越小；镜面材料的原子序数越高，实现全反射的临界角就越大。临界角几乎和原子序数的平方根成正比。所以小

X 射线望远镜中，常常使用金、铱等重金属作为镜面的表面镀层。当 X 射线能量是 1000 电子伏特时，以金作为镜面镀层，它的最大掠射角是 3.72 度。

当掠射角角度非常小时，望远镜仅利用了一个抛物面面形的最边缘的部分，这时观测使用的镜面接近一个圆环，尽管镜面尺寸很大，但是实际通光面积非常小。一般的抛物面光学望远镜可以使用主焦点，这时望远镜的光学系统满足阿贝正弦条件，即入射和反射角之比等于它们的正弦值之比。可是对于角度很小的掠射望远镜，单一的抛物面并不满足这个条件。这时像点存在像散，所成的像仅仅在一个方向上聚焦，是一根拖得长长的线条。十分幸运的是，如果再使用另一个表面与之垂直的掠射抛物面，则组合得到的新系统满足阿贝正弦条件，可以使像点在另一个方向上也获得聚焦，成为比较完美的点像。这就是 1948 年由克科帕托克和贝伊发明的一种掠射望远镜系统，又被称为 2 维掠射望远镜系统。1949 年使用这种光学系统的 X 射线望远镜被火箭送上了天空，通过其观测发现，太阳是一个很强的 X 射线源。

1952 年，光学专家沃尔特将第二个反射面改进成同一个方向上的掠射双曲面，形成的新掠射系统也同样满足阿贝正弦条件，可以实现聚焦成像。所以 X 射线掠射望远镜总是具有两个掠射镜面，而不使用单一抛物面的主焦点。

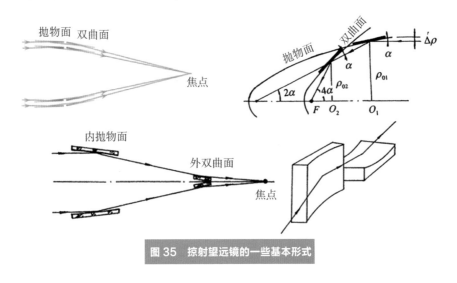

图 35　掠射望远镜的一些基本形式

沃尔特一共设计了三类 X 射线掠射光学系统。第一类掠射望远镜包括一个抛物面和一个双曲面，抛物面的焦点正好与双曲面的前焦点位置重合，入射光线在双曲面的内表面反射，成像在双曲面的后焦点上（图 35）。第二类掠射望远镜中，在抛物面后面，使用双曲面的外表面实现聚焦。第三类掠射望远镜中，第一镜利用的是抛物面的外反射面，第二镜则利用的是椭球面内反射面。这三类掠射望远镜中，第一类望远镜因为可以将望远镜的反射环面一层层叠加在一起，所以使用最为广泛，而第三类望远镜实际使用得最少。

圆环式反射镜通光面积很小，为了增加通光面积，可以在反射圆环的内外添加不同直径的掠射镜面，组成一个共焦的光学系统。由于这些圆环表面十分平坦，有时也可以使用工艺相对简单的圆锥曲面来代替真正的二次曲面，这就是新近发展的密集薄圆锥面 X 射线掠射望远镜系统。

1959 年，天文学家正式开始研制这种掠射成像望远镜，计划将其应用于 X 射线天文望远镜中。相比较早期的准直器、栅格式或者编码孔望远镜，掠射望远镜由于有聚焦作用，信噪比很高，角分辨率也很高。同时它有一定的视场，一次曝光可以对一个小天区同时成像，提高了望远镜的使用效率。使用这种掠射望远镜，天文观测的灵敏度可以一下子提高 6 至 7 个数量级。不过它的镜面制造技术存在很多难点，其发展几乎用了整整 20 年时间。工程师们不得不尝试使用各种不同的方法来抛光这个圆环形的精密内反射面。熟悉光学镜面加工的人知道，相对于凸镜面，凹的环形镜面加工有特别的难度，它的测量也十分困难。早期的镜面是一种玻璃体环形掠射面。

1978 年，有名的爱因斯坦天文台升空，这是第一台 X 射线掠射望远镜，它使用的是玻璃体圆环式内反射面（图 36）。望远镜外径为 0.6 米，由两组掠射反射面环组成，每一组都含有四个圆环状的反射面，圆环直径从外向内一圈一圈渐渐减小，一环套着一环，成像在共同焦点上。爱因斯坦天文台对天空中几乎所有重要天

**图 36　爱因斯坦天文台上
的 0.6 米 X 射线掠射望远镜**

体都进行了成功观测。这些目标包括木星光环、各种主序星、新星、超新星和河外
星系等等。

　　玻璃体镜面制造的掠射望远镜重量很大，镜面厚度也较厚，所以望远镜的口径
利用率低。后来掠射望远镜开始使用玻璃模具，用碳纤维复合材料作为镜体，使用
复制方法来制造 X 射线望远镜的反射面。采用复制方法能降低制造成本，得到的
镜面重量也更轻。

　　在 1999 年发射升空的钱德拉 X 射线天文台上，天文学家使用了一种新的由多
层圆锥薄片构成的掠射望远镜，钱德拉 X 射线天文台主镜的口径达到 1.2 米。

　　理论上讲，掠射望远镜的主镜镜面应该是旋转抛物面或双曲面的一部分，但是
这种抛物面或双曲面表面由于在两个互相正交的方向上均不是平直的，表面不可能
展开成平面，所以制造工艺非常复杂。如果将复杂的表面近似地改成简单的圆锥面，

就可以利用尺寸很小的铝薄板或玻璃薄片直接弯曲成形，大大简化制造工艺。这种掠射望远镜所获得的像质和真正抛物面加双曲面组成的望远镜差别也没有很大。同时这种望远镜的反射面厚度非常小，可以制造成多层、十分密集的掠射反射面，来获得很高的口径利用率和很大的集光面积。

这种使用小尺寸薄铝板或薄玻璃片在模具上加温加压成形的反射面厚度很小。铝反射面厚度常常是 0.1 ~ 0.2 毫米，薄玻璃反射面厚度常常是 0.2 ~ 0.3 毫米。对于玻璃反射面，在反射面成形时要控制好温度，使玻璃温度不断地在玻璃软化点附近上下变化，令它慢慢地一点一点地贴合到凸模具的表面。玻璃反射面的模具一般使用凸表面，而不使用凹表面。因为凹表面的模具会使玻璃层厚度产生变化，影响反射面的正确形状。反射面上 1 微米的厚度变化就会使像斑产生大约 8 角秒的弥散斑。薄铝片成形温度较低，大约是 160 摄氏度。

在 X 射线波段，对反射面表面光洁度有着十分严格的要求。采用清漆浸透的方法可以获得很高的表面光洁度。金和铱的表面镀层则可以提供高反射效率，如果仅仅在薄铝板的上表面镀反射层，往往会引起双金属的弯曲效应。为了减少这种效应，可以在薄铝板的下表面也对称地镀上金属铬，用以抵消上表面镀层所产生的内部应力。

利用在玻璃模具上镀膜的金属转移法也可以获得高光洁度的复制表

图 37　多层圆锥薄片构成的叠合式掠射望远镜

面。这时应该首先在模具上电镀所需要的反射层，然后在镀层上喷涂环氧树脂，将成形的薄铝板或者薄玻璃片贴合在模具上，这样反射镀层就会转移到薄反射面上。一般整圈的掠射反射面由 3 到 5 个完全相同的扇形部分拼合组成（图 37）。每一个组合望远镜包含有 120 ~ 180 圈薄膜反射面，每一圈反射面由几十个小反射面单元组成。由于圆锥面的长度很小，所以它们的反射效果和真正的抛物面或双曲面的差别不大，望远镜的分辨率可以达到 10 角秒左右。

09

多层干涉
反射层望远镜

要对能量更大的硬 X 射线成像是十分困难的任务。当能量更大时，为了实现对 X 射线光子的全反射，掠射角会变得非常小。这时反射面在光轴上的投影面积变得微乎其微，掠射望远镜的集光效率变得很低。在这种情况下，如果所需要的频段没有很宽，唯一可以使用的是一种由多层反射镀层构成的掠射望远镜。这种多层反射镀层可以在相对较大的掠射角范围内工作。当 X 射线能量较小时，多层反射镀层镜面也可以应用在垂直入射的望远镜中。

这种望远镜成功的关键就是它的多层反射镀层，这是由一层一层交替变换的高和低原子序数材料所形成的镀层组成的。这些镀层每一层常常为几纳米厚。通过控制镀层的厚度，使入射光线的掠射角在一定范围内时实现 X 射线的布拉格散射。厚度一致的多层薄膜仅仅适用于对非常窄能量范围的 X 射线进行观测。而分级的多层薄膜（图 38）

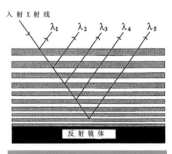

图 38　分级的多层薄膜的示意图

可以在比较广阔的 X 射线频谱中使用。这种多层薄膜的镀层厚度随着它离表面深度的变化而不断变化。越是外层的薄膜，间隔厚度越大，它所反射的 X 射线的辐射能量相对越低。而越是内层的薄膜，间隔厚度越小，它所反射的 X 射线辐射能量就相对越高。

早期分级多层薄膜的厚度遵循深度的指数函数而变化。后来引入的超级镜面的概念将连续厚度变化的设计方法改变成为一组组在组内为相同厚度，而在组与组之间厚度不断变化的膜层的分级方法。这种分级方法所获得的 X 射线的反射率和频谱的宽度是最优秀的。

这里所讲的掠射和反射均是指几何光学意义上的反射。它符合光的反射定律，即反射光和入射光位于同一平面内，并且反射角和入射角相等。反射定律所描绘的是在一个理想平面上所发生的反射。但是在实际情况下反射表面并不是一个完美的平面或者是完美的抛物面，它的表面形状可能有高有低，偏离理想平面或者抛物面。这时光线的能量就不会完全集中在反射角方向，而有可能向周围其他方向散射。表面光洁度越高，表面形状误差越小，光子能量越小，光线的能量利用率就越高。

根据这个理论，一般望远镜的表面形状误差不能高于所观测电磁波波长的二十分之一。可见光的波长是 500 纳米，所以表面形状误差要控制在 20 纳米左右。而 X 射线波长是在 10 飞米到 10 纳米之间，根据这一准则，X 射线望远镜的镜面偏差就只能在 0.5 飞米到 0.5 纳米之间，这是利用现代光学工艺也很难达到的要求。不过由于 X 射线望远镜使用的掠射角很小，对于入射的 X 射线来说，表面形状的误差因为掠射角的原因产生了一个平滑效果。所以 X 射线望远镜镜面的平滑度要求仅仅比光学望远镜的略微高一些。这一事实对 X 射线掠射望远镜的设计有很重大的意义。

10

乌呼鲁 X 射线卫星
和黑洞的发现

最早的 X 射线天文观测是 1949 年在火箭上进行的，当时使用的接收器是简单地用铝膜和铍膜包封的照相胶片。为了防止可见光和紫外线带来的影响，包封金属膜的厚度是经过精心实验后决定的。1955 年，英国提出了使用云雀探空火箭来进行天文观测的计划。1962 年，美国首次将正比计数器用于火箭天文观测。火箭体积小，使用的正比计数器面积仅仅是 10 平方厘米，灵敏度很低。此外，火箭观测时间短，在 100 千米以上的高空中仅仅停留了短短 5 分钟。尽管如此，这次观测还是记录到一颗位于天蝎座中的强 X 射线源。

经过一系列探空火箭的观测，天文学家获得了一个包含天空中几十颗 X 射线源的星表。1964 年，英国获得了太阳的 X 射线图像。1969 年，英国在火箭上使用了一种掠射式的光谱仪。

1969 年，英国与美国合作的轨道太阳观测站（OSO）4 号和 5 号被先后送上太空。4 号使用的是正比计数器，而 5 号使用的是罗曼光谱仪，光谱仪中包括一个掠射抛物面镜面。

1959 年,贾科尼就设想要制造 X 射线掠射成像望远镜。X 射线掠射成像望远镜并不是他首先提出的,但是他是第一个将这种仪器应用到 X 射线的天文观测中的人。贾科尼后来还成为了欧南台台长和美国联合大学公司的重要人物,他因为对 X 射线天文学的贡献获得了 2002 年诺贝尔奖。

贾科尼一直积极进行 X 射线卫星的准备工作,1963 年他就计划将一台 1.2 米口径 X 射线掠射望远镜送上天空,这个想法在当时太乐观了。实际上直到 1999 年,钱德拉 X 射线天文台上才安装了一台 1.2 米 X 射线成像望远镜。

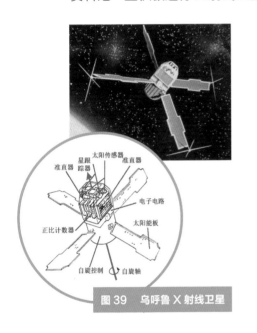

图 39 乌呼鲁 X 射线卫星

贾科尼的准备工作历时 7 年,1970 年 12 月 12 日,美国国家航天局在非洲肯尼亚海岸的废弃石油平台上发射了小天文卫星 1 号(SAS-1,图 39)。发射这一天正好是肯尼亚独立节,所以这颗卫星的另一个名字是"乌呼鲁",是斯瓦希里语中自由的意思。

这颗卫星重 64 千克,它采用了美国海军导航卫星的标准框架来承载探测器以及四周的太阳帆板,还使用了两组背靠背安装的、充有氩气的正比计数器。在探测器的前面是重金属构成的高分辨率栅格式准直器。其中有一个接收器具有 5 度的角分辨率,另一个的分辨率是 0.5 度。它们的接收面积达 800 平方厘米,灵敏度比火箭所携带的探测仪要高出 4 个数量级。

乌呼鲁 X 射线卫星之所以要在非洲发射,是因为地球的自转速度在赤道上最大。当卫星在赤道附近发射时,能借助地球自身的转动,非常容易地获得进入轨道所需要的速度。同时在赤道入轨也避开了地球附近的强烈辐射带(图 40)。

乌呼鲁 X 射线卫星有 4 个太阳能帆板,维持工作了 27 个月,产生了大量的观

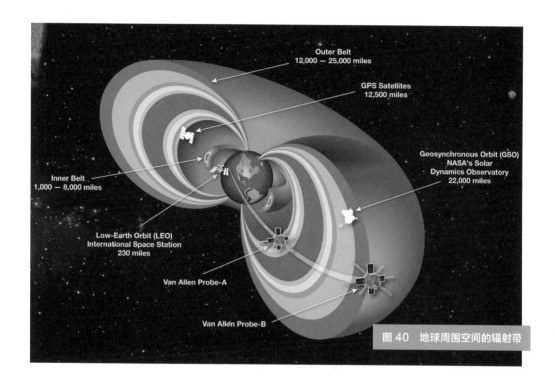

图 40　地球周围空间的辐射带

测数据，其中包括一个由超过 300 颗 X 射线源组成的星表。它的最大贡献是确认了在银河系内的 X 射线星常常来自双星。

天文学家认为一些由中子星和普通恒星所形成的双星是潜在的 X 射线源。此外，当普通恒星被它的黑洞伴侣吞并的时候，也会发射出 X 射线。通过对含中子星的双星系统进行观测还可以测量中子星的质量。中子星直径通常非常小，仅仅几千米，质量却非常大，是和太阳几乎等重的天体。在乌呼鲁 X 射线卫星发现的 300 多个 X 射线源中，天鹅座 X-1 非常特别。它似乎是一颗普通恒星，但是它的外围包裹着一层很厚的物质，以至于连光线都不可能泄露出来。这个天体就是天文学家发现的第一颗黑洞。

在半人马座的 X 射线源则是一颗围绕普通恒星旋转的脉冲星。令人意想不到的是，经过仔细的研究发现，这颗脉冲星的周期并不随时间的增加而增加，反而随时间的增加而减少。这个结果使贾科尼十分尴尬，因为脉冲星通过电磁波的发射应

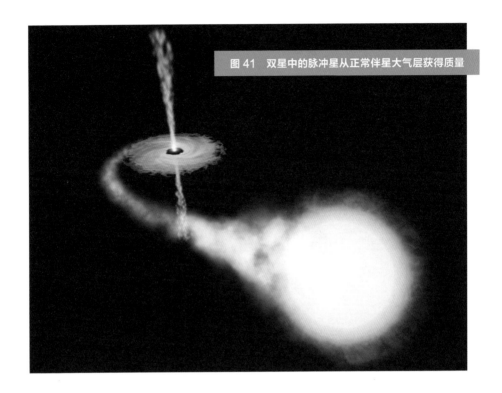

图41　双星中的脉冲星从正常伴星大气层获得质量

该损失能量，而不是得到能量。后来他才发现，原来这颗正在塌缩的脉冲星已经从它的正常伴星的大气层上方不断地获取了能量和质量（图41）。

后来经过光学和射电认证，发现天鹅座 X-1 也是一个双星系统。其中致密星的质量接近太阳质量的 9 倍，而直径仅仅是 26 千米。很快天文学家发现当天体质量超过 3.4 倍太阳质量时，在其步入"老年"后便很可能会成为一个黑洞。根据这个标准，这颗致密星就是一个黑洞。这颗黑洞所引起的引力塌缩的能量可能是核聚变能量的 100 倍以上。

乌呼鲁 X 射线卫星的另一个贡献是发现了星系间炙热气体所产生的 X 射线辐射。这些气体由于引力塌缩而被加热到几百万度的高温，它们的质量总和与星系中包含的质量总和几乎不相上下。

黑洞这个概念出现得很早，但是在很长一段时间里，对它只有定性的描述。

英国科学家卡文迪什在 1773 年指出，当恒星的密度达到太阳密度的 500 倍时，恒星上的任何物质，包括光也不可能离开该星体。1779 年，拉普拉斯将这样的恒星称为暗星。1915 年，爱因斯坦发展了广义相对论，提出了引力对光的作用。后来其他科学家发现在引力场中的奇异点所对应的就是这种被称为黑洞的天体。黑洞的质量是如此之致密，它产生的引力场是如此之强，以至于任何物质和辐射都无法逃逸，就连光也不例外。这种现象类似于热力学上完全不反射光线的黑体，所以取名为"黑洞"（图 42）。

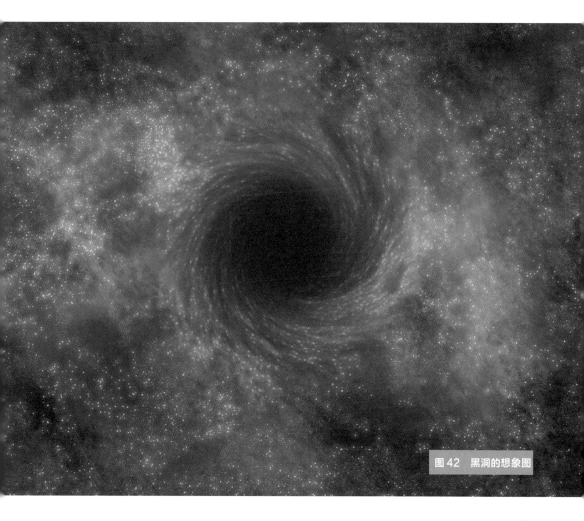

图 42 黑洞的想象图

黑洞形成以后，它会继续吸收临近的天体质量而不断长大，有时它们会和其他黑洞结合起来共同形成超大质量的黑洞。这些超大质量黑洞可能就位于一些星系的中心。黑洞本身无法被看见，但是它会和光发生作用。同时常常有天体围绕黑洞旋转，所以通过观测这些天体的轨道，就可以计算出其所围绕的黑洞的质量和位置。现在天文学家已经确认了一批在双星系统中的黑洞，有的黑洞质量甚至达到了太阳的 430 万倍。

在乌呼鲁 X 射线卫星发射以后， 1972 和 1975 年美国国家航天局又分别发射了两颗小天文卫星 SAS-2 和 SAS-3，它们同样安装了 X 射线空间望远镜。SAS-2 小卫星是一颗伽马射线卫星，它探测到了杰敏卡 γ 射线源，据说这是 30 万年以前爆发的一颗超新星的遗迹。SAS-3 小卫星一共载有四台科学仪器，分别是一台旋转栅格准直望远镜，其分辨率为 15 角秒，两台板条式和管式 X 射线准直正比计数器，以及一台软 X 射线低能量探测器。

在轨道太阳观测站（OSO）系列中，最后两颗卫星专门用于高能光子的观测。轨道太阳观测站 7 号于 1971 年发射，重量为 635 千克。轨道太阳观测站 8 号于 1975 年发射，重量超过 1 吨。

2019 年，利用甚长基线干涉测量的技术，通过包含 8 台毫米波望远镜及毫米波望远镜阵的名为事件视界望远镜（EHT）的仪器，人们首次获得了距离地球 5500 万光年的黑洞视界的照片。这张照片和黑洞的想象图十分接近。

11
现代 X 射线望远镜

1974 年，荷兰发射了一颗荷兰天文卫星（ANS）（图 43），它工作在太阳同步轨道之上，包括紫外、软 X 射线和硬 X 射线多台天文望远镜。这颗卫星也是第一颗专门观测伽马射线暴的卫星。英国和美国合作，在同一时期也发射了一组羚羊（Airel）系列卫星。其中 1974 年 10 月 15 日发射的羚羊 5 号卫星（图 44）是早期的 X 射线天文卫星，它发现了瞬间 X 射线爆发源。这颗卫星工作了 5 年，获得了 X 射线波段源的星表。1979 年发射的羚羊 6 号卫星也包含有 X 射线天文望远镜，但是由于技术故障，这颗卫星没有获得任何观测成果。

1977 年，美国发射了高能天文台 1 号（HEAO-1）（图 45），这仍然是一台由正比计数器加准直器构成的经典 X 射线望远镜。

1979 年，日本空间天文研究所发射了名为天鹅（Hakucho）的 X 射线空间望远镜（图 46）。它的工作重点是观测 X 射线的爆发现象。这颗卫星一直工作到 1985 年。

掠射式 X 射线成像望远镜的发展起始于 20 世纪 60 年代，1970 年出现了观测太阳的小口径掠射式 X 射线成像望远镜。直到 1978 年，掠射式成像望远镜才

图 43 荷兰天文卫星

图 44 英国羚羊 5 号天文卫星

图 45 美国高能天文台 1 号

图 46 日本天鹅号

正式使用于高能天文台 2
号（HEAO-2）， 即 爱
因斯坦天文台(图47)中。
掠射式 X 射线成像望远
镜为天文学家提供了前
所未有的灵敏度和角秒
级的角分辨率，它的灵

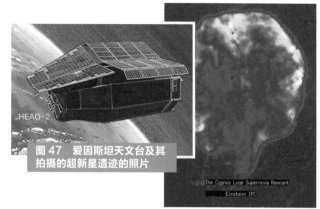

图 47　爱因斯坦天文台及其
拍摄的超新星遗迹的照片

敏度较以前的望远镜提高了几乎几百倍。这颗卫
星上安装了一台 0.58 米的玻璃体镍铬镀层的掠射望远镜，这台望远镜的每一组镜
面分别包含由四个同心环构成的反射面。

　　由于使用了掠射式成像望远镜，爱因斯坦天文台的天文观测获得了极大成功。
成像望远镜比起靠边框来决定分辨率的早期 X 射线仪器有很多优越性，实现了分
辨率的大飞跃。这台望远镜发现了很多新现象和新的天体特点。比如一些恒星发射
的 X 射线的能量要比我们的太阳在 X 射线波段发射的大很多。这台望远镜还发现
了很多 X 射线双星和 X 射线活动星系，获得了十分漂亮的超新星遗迹的照片（图 47），
同时还发现一些类星体存在光度激烈振荡的 X 射线核。1980 年，爱因斯坦卫星的
姿态控制发生问题，几个月以后望远镜停止工作。1982 年，卫星在大气层中损毁。

图 48　EXOSAT 欧洲 X 射线天文卫星

　　1979 年，美国发射了高能天文台 3
号。这台仪器和高能天文台 1 号类似，没
有使用掠射成像望远镜。

　　在爱因斯坦天文台之后，最重要的 X
射线望远镜就是 EXOSAT 欧洲 X 射线
天文卫星（EXOSAT）（图 48）。这颗
卫星发射于 1983 年， 包括两台 0.52 米

口径掠射成像望远镜和两台正比计数器。每台掠射望远镜的有效面积均为 90 平方厘米，分辨率达 10 角秒。望远镜采用环氧树脂复制、表面镀金的铍镜面。5 年之后，这台望远镜停止了工作。

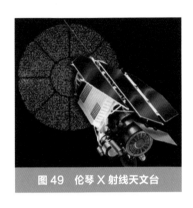
图 49　伦琴 X 射线天文台

1990 年，德国、英国和美国联合建造并发射了伦琴 X 射线天文台（图 49）。这台望远镜包括一台 80 厘米口径、德国制造的四环 X 射线掠射望远镜和一台同样是掠射式的极紫外大视场照相机。这台照相机的视场角为 5 度，分辨率是 1.7 角秒。整个卫星体积和重量很大，长 8.9 米，重 2.424 吨。它的 X 射线望远镜包含两台仪器，一台是美国生产的高分辨率成像仪，另一台是德国生产的高位置灵敏度的正比计数器。高分辨率成像仪的视场为 3.7 度，分辨率为 32 角分。正比计数器的视场为 2 度，分辨率为 25 角秒。由于它的灵敏度高，所以观测到了比爱因斯坦天文台能够看到的暗弱数百倍的 X 射线源，X 射线波段的天体星表中源的数目一下子增加到 10 万颗。在极紫外波段，这台望远镜首次进行了在这一波段的巡天工作。它在一些恒星的上层大气中还发现了近几百万度的极高温气体。望远镜的极紫外观测工作一直进行到 1999 年，是继 1975 年美国苏联联合进行的在阿波罗和联盟号空间站上的极紫外实验以后又一个重要的紫外项目。

1993 年，日本和美国联合发射了宇宙学和天体物理学高新卫星（ASCA）（图 50），这颗卫星包括一个小口径掠射望远镜，其观测工作一直持续到 2000 年。

1996 年，意大利和荷兰联合发射了贝波 X 射线天文卫星 (BeppoSAX)（图 51）。贝

图 50　宇宙学和天体物理学高新卫星

图 51　贝波 X 射线天文卫星

图 52　钱德拉 X 射线天文台

波是意大利天文学家朱塞佩·奥基亚利尼的昵称。1943 年，贝波和其他科学家一起发现了介子，为此他的合作者荣获诺贝尔奖，他同时是宇宙线天文观测的先行者之一。

　　之后最重要的 X 射线望远镜就是 1999 年 7 月 23 日发射的高新 X 射线天体物理台（AXAF），后来被称为钱德拉 X 射线天文台（CXO）（图 52）。这台重要的空间望远镜和哈勃空间望远镜一样，是用航天飞机送上太空的。由于哈勃望远镜处在近地轨道上，不利于天文观测，所以钱德拉 X 射线天文台被送上太空以后，又使用特别的推力火箭将其转送到了一个极端椭圆形的轨道上去，这个椭圆轨道的高度大约是月球轨道高度的三分之一。

　　钱德拉 X 射线天文台包括一台 1.2 米口径 X 射线掠射成像望远镜，它共有 6 个圆环形镜面，有效面积为 1100 平方厘米，分辨率高达 0.5 角秒。望远镜长 13.8 米，重 4.6 吨，比伦琴 X 射线天文台的长 4 倍。它的主要目标是获得高能量 X 射线信息。高能量 X 射线的掠射角特别小，所以望远镜焦点位置很远。望远镜的镜面第一次采用了密集多层薄片圆锥面形式，薄镜面表面镀铱，使用性能比镀金好。

如果用光学望远镜作类比，爱因斯坦天文台的望远镜相当于伽利略的小望远镜，伦琴 X 射线天文台的望远镜相当于一台业余天文望远镜，而只有钱德拉 X 射线天文台的才相当于地面上最好的光学天文台望远镜。钱德拉天文台的分辨率很高，达到了 0.5 角秒。

现在钱德拉 X 射线天文台、哈勃空间望远镜、康普顿伽马射线天文台以及红外波段的斯皮策空间望远镜被称为历史上最重要的四大空间天文台。它们共同获得的发现可以和伽利略第一台天文望远镜所得到的发现相提并论。

钱德拉 X 射线天文台的计划是在 1976 年提出的，项目真正开始于 1988 年。原本计划中的 X 射线天文台包括两个部分，一个是 X 射线光谱仪，另一个是高分辨率 X 射线照相机。后来的钱德拉 X 射线天文台就是它的照相机部分，而光谱仪部分变成了日本的 X 射线卫星 Astro-E。

在钱德拉 X 射线天文台上有两台照相机，一台是先进 CCD 成像光谱仪，另一台是高分辨率照相机。成像光谱仪的 CCD 有 1 百万像素，而高分辨率照相机采用了微通道管像增强器。这个像增强器视场为 0.5 角分，分辨率为 0.5 角秒，它的时间分辨率为 16 微秒，频谱分辨率是光谱仪的十分之一。钱德拉 X 射线天文台的太阳能帆板长 20 米，可以提供 2 千瓦的能量。

图 53　天文奇才钱德拉塞卡

钱德拉（图 53）全名为钱德拉塞卡（1910—1995），是一位非常杰出的印裔理论天体物理学家。他祖父是数学和物理教授，十分重视家庭教育，他家中建有藏书丰富的图书馆。他父亲和叔叔知识面很广。父亲同时对音乐很有研究，叔叔拉曼是当时印度最杰出的物理学家。拉曼发现了单色光散射后频率变化的效应，即拉曼散射效应，荣获 1930 年度诺贝尔奖。钱德拉的母亲也是一位知识女性。

钱德拉入学之前，就受到了非常好的家庭教育，已经精通一些初等数学。11 岁时，他就读于当地最好的中学，一下子跳了两级，直接成为中学三年级的学生。他凭借坚实的数学基础和惊人的自学能力提前学习了几何、代数和大学数学，以及排列组合、高次方程、解析几何和微分方程。13 岁时他写道："我不清楚你是否知道这一情况——我在五年级以后就去海滨祈祷——要把我的一生塑造成类似爱因斯坦或黎曼的一生。" 15 岁的钱德拉中学毕业，进入马德拉斯大学物理系。1929 年，才 19 岁还在学习的钱德拉就发表了两篇物理论文，其中一篇为《康普顿散射和新统计学》。论文递交给剑桥大学的福勒教授，最后发表在《皇家学会会刊》上，另一篇论文刊登在《哲学杂志》上。论文的发表坚定了钱德拉从事物理研究的决心。1930 年他被授予印度政府奖学金，踏上了去英国学习的旅程。

在海上的 18 天旅程中，钱德拉一直思考着福勒的"电子简并"理论。在白矮星内部物质致密状态下，电子被"压缩"到比它原来活动空间体积小 10000 倍的"格子"内，成为被"囚禁"的电子，这种状态所产生的"简并压力"非常大，大得足以抵抗引力导致的收缩。福勒的解释得到了天体物理学界的公认。钱德拉最初并未质疑福勒，只是从理论简单性和完备性角度，试图将相对论引入到福勒理论中。然而经过计算令他惊奇的是，他得出一个答案：只有在质量小于 1.44 个太阳质量的白矮星中，电子的简并压力才可能与挤压它的引力相抗衡；否则不相容原理所造成的电子简并力就不能够抗衡引力。这意味着没有哪一个白矮星的质量可以超过 1.44 个太阳质量，这就是有名的钱德拉塞卡极限。53 年以后，他因为这个预见获得了诺贝尔物理学奖。

到英国后一年，他把这篇论文交给福勒，福勒把论文转给米尔恩，米尔恩也对此持怀疑态度。虽然两位教授对钱德拉的结论表示怀疑，但钱德拉愈加相信临界质量是狭义相对论和量子统计结合的必然产物。1932 年他在《天文物理学杂志》上发表论文，公开宣布自己的观点。

经过在剑桥大学的学习，钱德拉完善了他的重要发现。1935 年在皇家天文学会会议上，25 岁的钱德拉在会上宣读自己的论文。当时天体物理权威爱丁顿出于偏见和对印裔的歧视，当众把钱德拉的讲稿撕成两半，宣称这个理论全盘皆错，所得到的是"非常古怪的结论"。听众顿时爆发出笑声，那一刻钱德拉不知所措，呆呆地站在那里。很多年后钱德拉回忆，他返回学校，自言自语道："世界就是这样终结的吗？不是伴着一声巨响，而是伴着一声呜咽。"钱德拉的科学探索之路受到沉重的打击，但是他并没有对科学研究失去信心，1937 年，他把自己的理论写进他的书里，然后不再理会它。

钱德拉一生所关注的不是最主流和最时髦的问题，而是一些科学冷门。在科学研究中，他特立独行，显得另类而又孤独。1939 年，他出版了《恒星结构研究导论》，系统论述恒星内部的结构。之后他又投入恒星动力学新领域的研究，1943 年，他又出版了《恒星动力学原理》。接着他转向辐射转移的研究，于1950 年出版《辐射转移》，总结了他在恒星和行星大气辐射转移理论方面的主要工作。

1952 年至 1961 年，钱德拉把研究方向转向流体力学和磁流体力学的稳定性上；1961 年至 1968 年，他关注椭球平衡体的平衡和稳定性；1962 年至 1971 年，他研究广义相对论和相对论天体物理学；1974 年至 1983 年，他专注于黑洞的数学理论。钱德拉每隔十年左右就投身于一个新的研究领域，他用这种方法来保证自己始终保持着一种谦虚向上的研究精神。

钱德拉一生写作了约四百篇论文和许多书籍，可谓著作等身。他的学生包括有名的李政道和杨振宁。1983 年他获得了诺贝尔物理学奖，确实是一位天文界少有的奇才。

12
X 射线
光谱仪

1999 年 12 月 10 日，欧洲航天局发射了多镜面 X 射线空间望远镜，后来称为 XMM 牛顿望远镜（XMM-Newton）（图 54）。这台望远镜有效集光面积达 1500 平方厘米，是钱德拉 X 射线天文台的 5 倍。望远镜总长达 10 米，重量达 3.9 吨。和钱德拉 X 射线天文台一样，它也位于远地轨道上。

XMM 牛顿望远镜标志着人类在 X 射线领域探索宇宙的一个新高峰。这台望远镜包括三台互相独立的仪器：两台 X 射线掠射成像望远镜和一台光学监测望远镜。三台仪器使用同一个光轴，两台 X 射线望远镜共同形成一个波段覆盖范围从 0.1 一直到 12 千电子伏特的 X 射线光谱仪。这两台望远镜的反射面质量精良，总的

图 54　XMM 牛顿望远镜

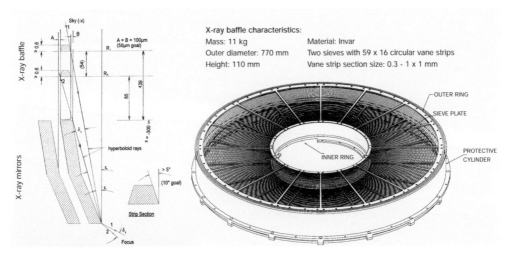

图55 XMM 牛顿望远镜中的望远镜镜体结构

光学加工面积达 200 平方米。这三台望远镜结构基本相同（图55），望远镜从前到后分别是望远镜的活动镜盖板、望远镜的清除杂散可见光的入射光筒体、望远镜清除 X 射线杂散光的入射孔板、望远镜主、副镜反射面、收集入射电子的散射磁环、反射式的光栅板阵列以及在后方分别位于主、副焦点的 CCD 照相机。在入射筒内壁上布置有清除杂散可见光的一圈圈的黑色圆环。而清除 X 射线杂散光的是一个包括径向辐条和一个个细圆环形筛子的挡板，挡板只允许 X 射线经过两次镜面掠射，而不允许只经过一次反射就进入望远镜的照相机中。

在这个空间望远镜中，最引人注目的是它的光谱仪部分。在光学望远镜中，最常用的光谱仪一般都包括一个平行光管，而分光元件，比如三棱镜或光栅，均安置在平行光中。在 X 射线波段要在望远镜焦点之后再使 X 射线成为平行光，又需要一套价值昂贵的倒置的掠射反射面，这将大大地增加仪器的复杂性并提高成本。为此 XMM 牛顿望远镜采用了美国科学家罗兰所发明的罗兰光谱仪形式。罗兰光谱仪适用于光线处于会聚或发散的情况，这时的分光元件、焦点和分光光谱仪的焦点同处在一个圆周之上。由于一般光栅是用于可见光波段，所以在这个光谱仪中，光栅也要放置在掠射角位置才可以在 X 射线波段使用。

XMM 牛顿望远镜上的镜面制造采用了化学镀镍的铝质模具的复制方法。经过超级抛光后的精密模具要先进行镀金，然后在金的表面电铸一层厚厚的镍层。镍层的厚度在内圈为 0.47 毫米，到外圈达到 1.07 毫米。镀金层的厚度为 0.25 微米。望远镜的内圈镜面直径 30.6 厘米，外圈直径为 70 厘米，长度为 60 厘米。镜面光洁度为 0.4 纳米。镜面成形以后，利用温度差将镜面和模具分离。由于这台望远镜上还安装有一台同轴光学望远镜，所以可以对 X 射线源进行光学认证，这对于高时间频率的天文现象是十分重要的。

2012 年 6 月，美国又发射了一颗名为核分光望远镜阵（NuSTAR）（图 56）的 X 射线望远镜。这是一个经过简化和推迟的望远镜项目。原来的项目是高能聚焦望远镜（HEFT）。这台望远镜的原计划中包括三套光学系统，最后的设计中仅包括两套互相平行的掠射成像光

图 56　核分光望远镜阵卫星

学系统，每一套系统包括 133 个同心锥体镜面。反射面为 0.2 毫米厚的玻璃圆锥面，镜面表面镀有多层反射膜，焦面上是 32 个 CdZnTe 像元的接收器，主要集中观测 3 ~ 79 千电子伏特区域的硬 X 射线。

一般来说，当光子能量大于 10 千电子伏特时，就必须采用多层的变厚度的交替式反射镀膜来增加镜面表面反射率。望远镜中心的三分之二反射面的镀层是 Pt/SiC，而最外圈的镀层是 W/Si。天文学家们以前从来没有对这个频段进行过精密的成像观测。望远镜的有效面积在低能部分是 847 平方厘米，在高能部分是 60 平方厘米。

这台望远镜焦距很长，达 10.15 米，望远镜的反射镜面和它的焦点装置之间由一组细长的桁架连接。为了能有效监视望远镜的准直情况，还使用了一台激光测距仪来测量望远镜和焦平面的距离。

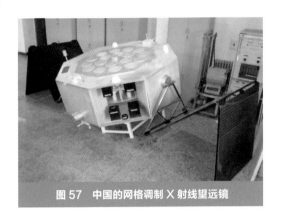

图 57 中国的网格调制 X 射线望远镜

21 世纪，随着西方经济危机的不断加深，在 X 射线领域的探索进入一个低潮期。中国的首台网格调制 X 射线望远镜，硬 X 射线调制望远镜（HXMT），又名慧眼（图 57）已于 2017 年发射升空。

13

微角秒 X 射线
成像工程

在 X 射线成像望远镜的计划中，有一个从来没有完成的空间计划，这就是微角秒 X 射线成像工程。这是一个工作基线长度为 1 米的 X 射线天文干涉仪，它的预期分辨率高达 100 微角秒，是哈勃空间望远镜的一千倍，是钱德拉 X 射线天文台的一百万倍。

为了避免建造具有衍射极限的干涉仪时的困难，这个项目采用了呈 X 形状的光路安排，并且在光路中采用了掠射平面镜的干涉系统（图 58）。这是一种

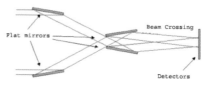

图 58　微角秒 X 射线成像工程的光路设计

特殊的光学干涉仪，它将每个镜面的光束在探测器平面上集合起来，从而形成干涉条纹，所形成条纹的间隔和 X 射线波长及焦距成正比，和 X 射线光束之间的距离成反比。由于干涉系统使用的是平面镜，所以两个光束的波阵面之间存在着一个很小的夹角，它们所形成的干涉条纹和牛顿环一样，是具有正弦波形式的一组平行线。在这个干涉仪中，所有的平面镜都被安排在以轴线为中心的圆周上。位于光轴的左

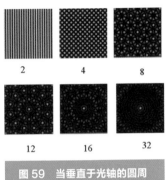

图 59　当垂直于光轴的圆周上的平面镜数目不断增加时，焦点上的衍射光斑的变化情况

右和上下的四个镜面形成一个方格形的点阵。随着圆周上平面镜数量的增加，衍射图形开始变得十分复杂，同时中心的明亮光点也会逐渐地显露出来（图 59）。如果在同一个圆周上分布有 32 面平面镜，这时在焦面上所形成的像斑将十分接近一个圆口径的衍射像斑。

微角秒 X 射线成像工程是一个空间 X 射线干涉仪计划，它一共包括两个空间飞行器：一个是它的光学系统，另一个是接收器系统。在光学飞行器上一共有两圈共 64 面平面镜，形成一个 X 形状的光路。接收器则在光学飞行器之后 450 千米以外。所有反射镜面都为 3 厘米宽、90 厘米长，它们所构成的圆周直径分别是 1.4 米和 0.3 米。两组反射镜面之间的距离是 10 米。所有镜面都要精确调整到它们的零阶光斑正好在接收器的光轴轴线上。波长 1 纳米的 X 射线所形成的干涉条纹宽度仅仅是 100 微米。

在这个预研计划中，镜面位置的精确调整通过一个激光精密测量系统进行。仪器所需要的精度在 1 纳米到 10 纳米之间。在实验室中已经获得的指向稳定性是 300 微角秒，希望在空间它可以达到 30 微角秒。望远镜的目标寻找也利用了 X 射线信号，不过维持它的指向则不依靠 X 射线信号，而是依靠两组和空间干涉仪工程相似的可见光干涉仪。这两组光学干涉仪的基线互相垂直，从而可以保证整个系统在两个互相垂直方向上的位置稳定性。为了保持飞行器轨道的稳定性，必须使用一种激光喷射技术。这种技术所获得的最小推力为几个微牛顿。

在搭载着接收器系统的飞行器上，量子测温计阵可以提供的频谱相对精度为 100 至 1000 的能量精度（能量和能量误差的比）。接收器面积大约是 30 平方毫米，像元大小为 300 微米。不过由于这个项目的难点过多，现在已经被长期搁置，在可以预期的将来，这恐怕仍然只是一个美好的设想。

14

伽马射线的特点

在电磁波频谱上处在比 X 射线能量更高的一侧的，是电磁波中能量最大的伽马射线。伽马射线的波长很小，一般小于 0.01 纳米，即 10 皮米（10^{-11} 米），这个尺寸已经小于原子的直径。原子直径一般在 10^{-10} 米尺度上。根据能量的不同，伽马射线的波长可能比原子核尺度大一些，也可能更短，原子核尺度一般在 10^{-14} 米左右。伽马射线能量一般大于 0.8 兆电子伏特，是可见光光子能量的百万倍以上。有时候波长在 0.01 纳米到 0.001 纳米之间的电磁波被定义为软伽马射线。

1895 年，伦琴发现了 X 射线，伽马射线的发现是在那之后。当年贝尔克莱尔主要从事偏振光的研究，他对晶体吸收某种颜色光并发射另一种颜色的荧光的现象非常熟悉。1896 年，他听说了 X 射线被发现的消息，就想到镭盐这种荧光材料在受到太阳光照射时，也许也会发出 X 射线，并很快就进行了实验。2 月 27 日，贝尔克莱尔在法国科学院报告了他的实验结果。他将感光胶片用厚的黑纸包裹起来，放置在阳光下。经过整整一天，感光胶片上完全没有出现雾状的像。如果将镭盐放置在包裹胶片的黑纸上面，那么洗印出来的胶片上就会有明显的镭盐的形状。如果在镭盐和被包裹的胶片之间放上一个有图样的金属框架，那么胶片洗印后就会显现出与金属框架形状一致的图像。因此他十分肯定镭盐会在太阳光照射下不停地发出神秘的辐射，从而使被包裹好的感光胶片曝光。

不过 3 月 2 日贝尔克莱尔又一次在科学院报告，表示自己的设想有问题。原来在 2 月底的好几天，冬天的巴黎几乎没有太阳，所以他将实验装置——被包裹的胶片和放置在上面的镭盐，放置在漆黑的柜子里。他设想当自己将胶片洗印出来时，即使有镭盐的影像，也将十分微弱和模糊。但是当胶片洗印出来后，他惊讶地发现，胶片上镭盐的影像同样地清晰。他很快就得出结论：从镭盐中发出的辐射是和伦琴所发现的 X 射线类似的辐射，它是自发且不停地产生的。1896 年 5 月，贝尔克莱尔使用不具有荧光的镭盐进行实验，终于确认这种具有穿透力的看不见的辐射确实来源于镭盐本身。

同样在 1896 年，在贝尔克莱尔的实验之后，居里夫妇集中他们的力量详细研究了这种特殊的属性，他们发现除了钋和镭以外，钍也具有这种特性。居里将这种特性定名为"放射性"。1903 年，因为放射性的发现，贝尔克莱尔和居里夫妇同时获得了诺贝尔物理学奖。

至此，放射性的故事并没有结束，实际上放射性并不是贝尔克莱尔和居里最先发现的。早在 1857 年，发明照相胶片的尼埃普斯就发现，即使在完全黑暗的环境之中，一些长时间没有阳光照射的盐类物质也会发出一种看不见的光来使胶片感光。这些光既不是磷光，也不是荧光。很快他的老师就确定，具有这种能力的是镭盐，并且认为这个发现是一个里程碑式的重要发现。到 1861 年，尼埃普斯就宣布镭盐会发出一种眼睛看不见的射线。尼埃普斯认识贝尔克莱尔的父亲，1868 年老贝尔克莱尔曾经出版了一本书——《光的起源和效应》，在这本书中就已经记载了尼埃普斯的这个重要发现。尼埃普斯是法国科学院的终身院士，他的名字现在是描述放射性强弱的单位。

在所有放射性产物中，首先被发现的是电子。后来这种辐射被卢瑟福命名为贝塔射线。1897 年，汤姆森发现电子带有负电荷。1899 年，卢瑟福又发现一种穿透能力很弱的辐射，即阿尔法射线。1900 年，维拉德正式发现了放射性中穿透能力很强的电磁辐射。

维拉德是伽马射线的发现者。他生于 1860 年，21 岁时进入巴黎高等师范大学，毕业后在一所中学任教。后来他利用巴黎高等师范大学的实验室进行自己的私人研究。他的早期研究对象是气体的水化物，最先发现了惰性气体氩的水化物。后来他研究磁场对阴极射线的作用以及 X 射线所具有的化学效应，之后又转入对放射性的研究中。

1900 年，维拉德将含有镭的氯化钡放置在用铅制的、有一个直径很小且比较深的开孔的容器中，这样就形成了一个准直射线源。他利用磁铁在射线前进的垂直方向形成一个磁场，然后在射线的前进方向上，平行地放置了两块用不透光黑纸包裹的照相底片，在两张底片之间放置了一片 0.3 毫米厚的铅片。这时在第一块底片上发现有两个辐射点的痕迹，而在第二块底片上仅仅存在一个穿透能力更强的辐射点（图 60）。他发现穿透能力差的辐射是在磁场中会产生偏转的贝塔射线，而不受磁场影响的是一种穿透能力更强的未知新辐射。通过比较出现在两个底片上的光

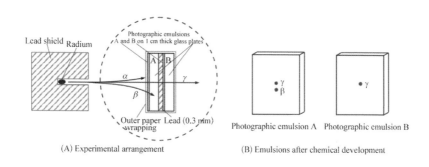

图 60　维拉德发现伽马射线的实验装置和实验结果

斑，他发现这种未知辐射的强度并不受到铅片隔离的影响。1908 年维拉德成为法国科学院院士，他于 1934 年去世。

1901 年，《自然》杂志上报道了这个新的发现。1903 年，卢瑟福把这种新发现的辐射命名为伽马射线。和阿尔法、贝塔射线不同，卢瑟福了解到伽马射线在磁场中不会发生偏转。1914 年，伽马射线被发现会在晶体上产生反射，从而证明了这是一种电磁波。后来卢瑟福和他的同事测量了它的波长，发现其波长和 X 射线十分相似但是更短，频率更高，所以它的单个光子的能量更大。后来的研究表明：阿尔法、贝塔和伽马辐射穿透能力各不相同，它们分别可以穿透 0.0005、0.05 和 8 厘米厚的铝板。如果比较它们使气体离子化的能力，则是阿尔法射线最强，贝塔射线次之，伽马射线最弱。现在人们知道阿尔法射线是氦原子核，它包括两个质子和两个中子，带有正电荷；贝塔射线是单个电子，带有负电荷；而伽马射线是一种能量很高的电磁波。三种射线在磁场中分别受到不同方向上的作用力，同样在电场中也受到不同方向上的作用力。1910 年，布拉格确认了伽马射线和 X 射线一样，可以使气体电离。1914 年，卢瑟福确认伽马射线具有波动性。

原来原子是元素的最小的存在单位，每个元素都是由同一种原子组成的。元素不同，组成它的原子也不相同。原子包括原子核和它周围的电子两个部分。在原子核中有不同数量的质子及中子。其中质子带正电荷，中子是电中性的，电子带有负电荷。

当原子核中存在太多带正电荷的质子时，原子核就处于一种不稳定的高能量状态。这时原子核内会产生很强的静电排斥力，从而将由两个质子和两个中子所构成的离子组合挤出原子核，这个组合就是阿尔法射线，原子核释放阿尔法射线的过程被称为阿尔法衰变。

同样当原子核中存在太多中子时，中子之间的排斥力会使中子在原子核内发生转换，成为质子，与此同时会从中子中释放出一个电子。这个电子就是当时所发现的贝塔射线，这种转换过程被称为贝塔衰变。后来物理学家发现在这个转变发生的时候，还会释放一个能量更小的电中性粒子。这个粒子就是目前唯一一种已探测到的可能的暗物质，叫中微子。

如果情况反过来，当原子核内质子数量太多时，质子之间的排斥效应也会使它们产生转换，变成中子，同时会从质子中释放出一个反电子，即正电子。正电子和电子结合会发生湮灭，湮灭以后转变成一个高能伽马射线光子。伽马光子与物质碰撞也会产生出正负电子对。

伽马射线可以从原子核衰变获得，也可以从轫制辐射、逆康普顿效应或同步辐射中获得。轫致辐射原指高能带电粒子在突然减速时所产生的一种辐射。康普顿效应是指当光子和低能电子碰撞时，光子能量减小，波长增大的一种效应。光子和运动速度非常接近光速的高能电子相撞，光子能量增加、波长变短的效应，被称为逆康普顿效应。同步辐射是指接近光速的带电粒子在电磁场作用下沿弯曲轨道行进所发出的电磁辐射。同步辐射强度高，频谱范围宽，脉冲频道窄，可以从中选择所需要的波长。原子反应堆和爆炸的原子弹都是较强的伽马射线源。

伽马射线的显著特点是它的高能量和低吸收。它的能量是可见光光子的百万倍以上。对于能量在 $10 \sim 10^9$ 兆电子伏特的伽马射线，它们在穿越整个银河系直径时仅仅有百分之一的光子会与物质发生作用。对这种高能光子来说，掠射望远镜也不再适用。在伽马射线波段，除了已经介绍的准直栅格成像以外，最重要的望远镜形式是编码孔口径成像望远镜。

在天体辐射过程中，伽马射线的辐射流量是其能量的函数，随着伽马射线能量的上升，它的流量会迅速下降。伽马射线的流量要比 X 射线的流量小很多。这使得高能伽马射线的火箭探测几乎不可能。另外由于大气次级伽马射线及探测器本底伽马射线的影响，利用气球望远镜的观测也十分困难。能量低于 10 吉赫兹的伽马射线一般不可能穿透大气层，所以伽马射线的直接观测只能在很高的山顶和空间轨道上进行。而间接伽马射线的观测则依靠对它们和大气、水、冰或者其他分子的碰撞所产生的次级粒子效应的观测进行，这种伽马射线的探测可以在地面、水下或者地下进行。伽马射线的间接探测是基于著名的切伦科夫效应来进行的。

15

康普顿散射和电子对望远镜

实际上伽马射线和 X 射线都是从原子内部发出的高能光子。所不同的是 X 射线是从电子轨道上发出的，当在原子中经过激化以后的电子返回到低能级的轨道时，就会发出 X 射线光子；而伽马射线是从原子核内发出的，是放射性衰变的产物。所以 X 射线是一种核外辐射，伽马射线是一种核内辐射。X 射线和伽马射线与物质作用会产生三种效应：光电效应、康普顿散射效应和电子对效应。

光电效应是指材料完全吸收 X 射线或可见光光子，而释放出电子形成电流的效应，这时所激发出的电子被称为光电子。这个效应是 1887 年赫兹首先发现的。1905 年，爱因斯坦首先对这个现象提出了正确的解释。光电效应的发现为量子理论和光的波粒二象性理论提供了十分重要的支持。在光电效应发现的时候，赫兹正在做电磁波发射和接收的实验，在赫兹的发射器中存在一个火花间隙，当线圈中有电磁波时，就会有火花出现。火花不太明亮，为了观察火花，他将整个接收器放入不透明的盒子中，他发现这样火花会减小。为了弄清火花减小的原因，他将盒子拆掉，改成用玻璃隔离，也同样会影响火花。不过如果利用石英隔离，则对火花大小没有任何影响。

因此他使用石英三棱镜来研究玻璃材料究竟挡住了哪一部分光，这样才发现原来紫外线会引起光电效应。赫兹发现当使用紫外光照射金属锌表面时，它的电子会逃逸到周围气体中，使锌板带正电。光电效应的发现带来了光电真空管的发明。如果将各种金属按照它们产生光电效应时的放电能力来排列，则与金属按电化学效应强弱得到的排列完全相同。1858 年，科学家发现了阴极射线。1897 年，汤姆逊发现阴极射线带负电荷。1899 年，汤姆逊确认光电子和阴极射线粒子是同一种粒子，即电子。1921 年，爱因斯坦因为他的光量子理论和对光电效应的解释而获得诺贝尔奖，而他的相对论理论反而没有获得诺贝尔奖。

康普顿效应是在 1923 年被发现的，当高能 X 射线光子打击原子外层电子时会产生弹性碰撞，从而将光子的一部分能量传递到电子中去，而使电子脱离原子核的束缚从原子中发射出来，光子本身则改变运动方向和波长。被发射出的电子被称为康普顿电子，它可以继续与物质发生作用。散射以后的光子与入射光子之间的夹角被称为散射角。反冲电子的反冲方向和入射光子的方向之间的角被称为反冲角。当散射角为零时，散射光子能量最大。当反冲电子能量为零时，光子能量没有损失。当散射角为 180 度时，入射光子和电子是头对头相撞，入射光子会沿相反方向散射回来，而反冲电子沿光子入射方向飞出，这种情况被称为反散射，此时散射光子能量最小。因为这个效应的发现，康普顿获得了 1927 年诺贝尔物理学奖。

电子对效应，或者称为电子对产生效应，是当光子能量远高于两倍电子静止质量时，和原子核或者玻色子碰撞以后产生的效应。光子中一部分能量根据爱因斯坦的质能公式转化为一个负电子和一个正电子的静止能量，正负电子对互为反物质，而其他部分的能量则成为这个电子对的动能。在这一效应中，整个系统总能量守恒，总动量也守恒。被发射出来的电子还能够继续和介质发生激发或电离等作用。而正电子在接触到一个负电子后则双双湮灭，从中产生出一个伽马光子。1933 年，布莱克特首次直接在气体室中观察到电子的反物质，即正电子。1948 年，他获得诺贝尔物理学奖。

以上三种效应中，在 X 射线波段发生的主要是光电效应和康普顿效应，而在伽马射线波段中发生的主要是康普顿效应和电子对效应。很多光学传感器都是利用光电效应原理制造而成的，利用后两种效应则可以分别建造伽马射线康普顿散射望远镜和伽马射线电子对望远镜。

典型的康普顿散射伽马射线望远镜拥有双层结构（图61），它的第一层是能量转换器，第二层是能量吸收器。能量转换器和吸收器都是由能与伽马射线光子发生作用的闪烁器阵列构成，在它每一层的上面均覆盖有各自的屏蔽层。当伽马射线粒子进入闪烁器时，会产生一个康普顿电子，能量为 E_1，而伽马射线自身的方向和能量都会发生改变，变成一个能量较小的新光子 G_1。

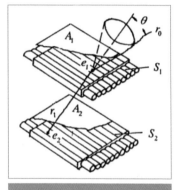

图61　康普顿散射望远镜的结构

当这个新光子再进入下层闪烁器时，会再产生另一个康普顿电子，能量为 E_2，同时这个光子会变成一个能量更小的光子 G_2。如果入射的伽马射线的能量没有很大，$G_1=E_2$，第一次碰撞后产生的光子和第二次产生的康普顿电子能量相等，那么在能量吸收器内就不会产生新的光子 G_2。

当发生康普顿散射的时候，可以用光电管或其他装置来确定光子和电子在上、下闪烁体的位置和角度，从而经过计算大致确定伽马射线的入射方向。不过这个入射方向在天球上是一个圆环形状的区域，伽马射线的确切入射方向必须通过其他方法来确定。通过记录康普顿电子和次级光子的能量，可以确定入射伽马光子的能量。由于闪烁体的面积有限，加上探测效率低，所以使用这种伽马射线望远镜来记录伽马光子的效率非常低。

在对高能粒子的探测中，常用截面面积来描述粒子被探测的概率。运动中的粒子碰撞接收器中的粒子时，如果单位时间内单位面积上的运动粒子数为一，静止粒子数也为一，则单位时间内发生碰撞的概率称为碰撞横截面积，简称为截面积。截面积的量纲和面积的量纲相同。截面积的几何意义是：当两个微观粒子碰撞时，如果把其中一个看作是点粒子，把碰撞时的相互作用等效成某种接触作用时，碰撞概率应正比于沿运动方向来看另一粒子的等效几何截面积，这个几何截面积就是碰撞截面积。

图 62　电子对效应伽马射线
望远镜的原理

电子对效应伽马射线望远镜的原理如图 62 所示。电子对效应伽马射线望远镜拥有多层结构，其中转换器和跟踪器交替地叠加在一起。转换器常常是一种高原子序号的材料，比如铅。转换器提供了产生正负电子对的条件，而跟踪器则用来探测这个电子和正电子对的存在和具体位置。当高能伽马射线（大于 30 兆电子伏特）和闪烁材料之间发生作用时，入射的伽马射线转化成正负电子对，而跟踪器则记录正负电子对的位置。

高能粒子的跟踪器有多种形式，有一种跟踪器是充满气体的、由交叉分布的金属丝组成的火花室。当电子对在转换器中产生以后，会穿过火花室而使气体电离。这时带电荷粒子在跟踪器内转移到金属丝上，使金属丝带电荷，吸引自由电子从而产生可探测信号。信号的轨迹提供了三维的电子对路程。另一种跟踪器是固体硅条板。硅条板有两组，分置在互相垂直的方向上。这样对电子对位置的探测可以比火花室的更为精确。在望远镜的底层常常有一对闪烁器或者精密测温计，来确定探测到的伽马射线的总能量。精密测温计在其他粒子和暗物质的探测上也有很重要的应用。

16

编码孔口径望远镜

在 X 射线和伽马射线波段的观测中，网格式准直器是望远镜中限制视场大小的一种重要形式。它利用重金属板来遮挡很大一部分的视场区域，而允许高能射线通过有限的视场区域在接收器上形成非常复杂的图像。网格式准直孔的极端形式就是针孔照相机。在针孔照相机中只有一个网格，即一个小光孔。但是针孔照相机集光面积太小，不能提

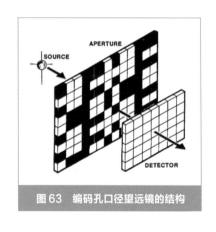

图 63　编码孔口径望远镜的结构

供天文望远镜所需要的非常高的灵敏度。为了通过强度较弱的伽马射线波段的观测获得天体分布图像，天文学家们发展出了多层丝栅的调制准直器。后期高能伽马射线望远镜使用拥有很多特殊编码的小孔的编码孔口径（coded aperture）。编码孔口径望远镜中有两个组成部分：一个是用不透明的重金属板制成的编码孔口径面，另一个是由接收器像元构成的成像面（图 63）。一般情况下，口径面在前，成像

面在后。

　　除了在长波射电波频段、X射线和伽马射线波段外，电磁波天文望远镜的光学系统几乎全部都是折射或者反射的聚焦系统。在硬X射线和伽马射线波段，折射透镜和反射镜面都不存在，所以只能使用非聚焦光学系统。在这种情况下，只能使用口径对星象进行调制来获得天体的空间分布。最简单的调整成像器就是小孔照相机。但是小孔照相机的最大的缺点就是通光面积太小，仅仅利用了很少的一部分电磁辐射，限制了仪器的信号噪声比。为了解决这个问题，通常在口径面上使用具有多个开孔的特殊图形的挡板。比如在距离探测器不同高度的地方安排多个挡板，这就是前面X射线望远镜中所介绍的调制准直器。

　　所谓编码孔口径望远镜要比小孔照相机复杂很多，它包含有很多个小孔，每一个小孔所形成像会在探测器阵列上叠加起来，而获得十分复杂的图像。为了求解天体的空间分布，必须使用特殊的、与口径阵列相配的计算机运算法则。不同编码孔形式所使用的运算方法是不一样的。这样不使用透镜和反射镜，就可以获得清晰的星像图片。由于编码孔口径望远镜是使用整个阵列的探测器来形成图像的，所以它能够容忍一定的探测器误差，但是与聚焦光学系统相比，它所接收的噪声信号也多得多。因此在可以使用聚焦光学系统的情况下，一般不使用编码孔口径方法。编码孔口径方法属于一种早期的计算照相术，它和天文干涉仪有十分密切的关系。现在已经存在多种编码孔的分布方法，不同的编码孔分布所获得的分辨率、灵敏度、噪声排除能力、图像计算的简单性以及口径制造的难易程度都各不相同。主要的编码孔口径的设计有菲涅尔环板（Fresnel Zone Plate）、优化随机图像（Optimized RAndom pattern）、均匀冗余阵列（Uniformly Redundant Array）、六边形均匀冗余阵列（Hexagonal Uniformly Redundant Array）、改进型均匀冗余阵列（Modified Uniformly Redundant Array）以及Levin和Veeraraghavan等阵列。

　　早期的口径孔分布所需要的运算法则比较简单，但是口径利用率很低。现在的编码孔常常使用口径利用率高的编码方法。因为编码孔口径所获得的像是天体目标和口径函数乘积的积分，假设口径函数是一个二维矩阵，矩阵中 0 代表通光孔，1 代表不通光孔，要求解目标天体的图像，常常要找到一个和口径函数逆矩阵同样大小的后处理矩阵，使得这个后处理矩阵和口径矩阵的互相关函数是一个单一的点函数。这时矩阵的中心点之外数值均为零。如果简单一些，就是设计一个口径函数，使得这个口径的自相关函数是单一的点函数。在数学上，一种叫循环差集的打孔规律可以满足这个要求。不过非常遗憾的是这种口径的透光率很小，最大也只能获得整个口径面积的 3%。在天文上，这种打孔排列方法被称为非冗余阵列。实际上这种非冗余阵列在高分辨率的射电天文综合口径望远镜和光学口径遮挡干涉仪上有着十分重要的应用。理想的射电干涉仪中望远镜的分布和口径遮挡干涉仪中口径的位置都应该符合非冗余阵列的排列。

为了改善口径的透光率，天文学家常常采用一种相对宽松的被称为类噪声阵列的排列方式。应用这种阵列来生成编码板，那么口径矩阵和后处理矩阵之间的相关函数在口径中心点是一个比整数 1 大得多的脉冲函数，而在其他点的值是零，或者是很小的正数。在类噪声阵中，任意两个通孔之间特殊间隔的重复数是一个常数，所以也叫作均匀冗余阵列。

在均匀冗余阵列编码口径孔的使用中，星像实际上并不是真正用口径阵列的自相关来获得的，而是通过口径阵列和后处理阵列的相关来获得的。根据这个思路，一些并不属于类噪声系列的，但是同样具有和均匀冗余阵列相同的编码口径的阵列也可以获得非常好的成像效果。所以这种新类型的阵列被称为改进型均匀冗余阵列。这样就增加了伽马射线望远镜口径形式的选择。

改进型均匀冗余阵列是由一个一维的阵列所构成的，它的数组长度是一个质数，并且可以表达为 $4m+1$ 的形式，这里 m 是一个整数。它的长度可以是 5，13，17，29，37，… 。它的前十个阵列分别是：

05 01001

13 01011 00001 101

17 01101 00011 00010 11

29 01001 11101 00010 01000 10111 1001

37 01011 00101 11100 01000 01000 11110 10011 01

41 01101 10011 10000 01010 11010 10000 01110 01101 1

53 01001 01101 11010 11100 00001 10011 00000 01110 10111 01101 001

61 01011 10001 00111 11001 10100 10100 00001 01001 01100 11111 0010001110 1

73 01111 01011 00100 01011 00011 10100 00100 11110 01000 01011 1000110100 01001 10101 111

89 01101 10011 11000 01110 11100 10000 00101 01001 10101 10101 1001010100 00001 00111 01110 00011 11001 1011

这些数组产生的基本规律是：如果 i 等于 0，则第 i 项等于 0。如果用数组长度 $4m+1$ 除以 i 所获得的余数是一个整数的平方数，而且 i 不等于 0，则第 i 项等于 1。如果用数组长度除以 i 所获得的余数不是一个整数的平方数，则第 i 项等于 0。注意当质数数组的长度是 $4m+3$ 且第 0 项为 1 的时候，利用类似的操作规律就会产生一个均匀冗余阵列。

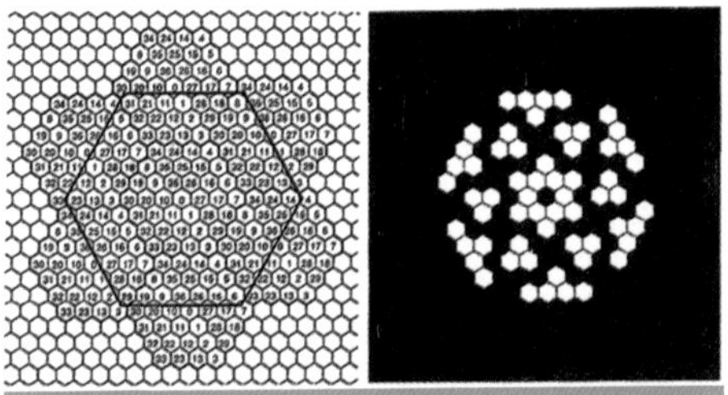

在这些改进型均匀冗余阵列中，如果将第一个单元平行转移到系列的正中心，那么整个系列的单元安排就具有中心对称性。这种对称性决定了这种系列的编码口径可以使用在六边

图 64　六边形阵列的映像变换和一种典型的六边形编码口径

形图形之内（图 64）。另外，这种改进型均匀冗余阵列还具有互补性，这时所使用的后处理阵列也是改进型均匀冗余阵列。改进型均匀冗余阵列的透光率基本上是 50%，这是令天文学家非常满意的比例。

从改进型均匀冗余阵列的线阵到六边形的编码孔阵列需要进行映像变换。映像变换的起点是在六边形的中心点，沿着六边形的一条对角线从中心向六边形的右下角排列；到达六边形的边角后，从六边形的右上边的上方沿边线向右下排列；直到右边顶点后，再从起点对角线左边紧靠斜线的上部开始，一直到达六边形的底边为止；然后再从紧靠着右上方的第二行由左上至右下排列；最后回到对角线的另一边进行排列（图 64）。这种排列得到的编码孔阵列被称为六边形均匀冗余阵列。

使用改进型均匀冗余阵列，可以获得六边形编码孔排列。尽管如此，仍然有一部分六边形排列不使用改进型的或者非改进型的均匀冗余阵列。在大口径六边形排列中，可以使用 7 个相同的六边形，然后去掉它们的边缘部分。

六边形均匀冗余阵列和改进型均匀冗余阵列的特点完全相同，它们的后处理阵列除了最中心的单元永远是不通孔外，其余的通孔和不通孔均具有互补性。

正方形编码孔口径的排列和长方形的排列方法基本相同，它们从一个顶点开始，沿着 45 度向右下方依次排列；当排列到长方形底部时，则以这个孔的右侧的一列中的第一行为起始点，沿着 45 度向右下方依次排列；当排列到长方形的最后一列时，将回到长方形的第一行，排列在其下一列的位置并依次排列。正方形排列的图案具有明显的镜面对称特点（图 65）。图 66 是雨燕伽

图 65　两种正方形的编码口径图案

图 66　雨燕伽马射线暴探测器的望远镜上编码孔口径板的分布

图 67 光场照相机的光瞳中的编码孔板（Levin）

马射线暴探测器（Swift）的望远镜十分复杂的编码孔口径的照片。

编码孔望远镜具有很强的抗信号干扰能力，可以用于背景光很强的高能区域。编码孔的这个特点也可以用在普通照相机中，这样照相得到的图像信息通过计算机补偿，可以从非聚焦的照片上获得图像中离焦部分的所有信息，使它们重新聚焦。并且这种重新聚焦的性能不受照相机景深的影响，这在照相机行业将有很大的应用前景。目前已经有公司在开发这种产品。

图 67 中展示的照相机在光瞳中引进了编码孔图案。这种图案的引入，可以使得照相机通过一次曝光，获得在不同距离上的聚焦画面的全部信息。通过计算机的运算，很容易根据这些信息计算出在任意聚焦点处的正确图像。这种照相机常常被称为光场照相机。

17

伽马射线
空间望远镜

　　宇宙中的伽马射线在地球大气层的顶部就几乎全部被大气层所吸收。这些高能量的光子和大气分子作用后会不断产生次级粒子，在大气中形成密集的雨状次级粒子的分布。这种雨状次级粒子的分布是法国物理学家皮埃尔·俄歇首先发现的，它被称为切伦科夫大气簇射。

　　对天体发射的伽马射线的直接观测最好在空间轨道上进行。由于空间望远镜的集光面积不可能很大，所以在空间使用的伽马射线天文望远镜主要是低能量伽马射线探测器。伽马射线光子的量随着光子能量的提高而以指数形式不断下降，所以对高能伽马射线的观测必须依靠在高山顶上或者地面上的大面积的切伦科夫大气簇射探测器来进行。

　　1961 年，美国发射了麻省理工学院研制的探险者 11 号卫星（Explorer 11）（图 68）。这是第

图 68　探险者 11 号是世界上第一颗伽马射线天文卫星

一颗空间伽马射线卫星。它的体积很小，重量只有 37 千克。这颗卫星在 7 个月时间内总共探测到了近 100 个伽马光子。这标志着伽马射线天文学的诞生。探索者 11 号卫星工作在偏心的地球轨道上，它自身不断旋转，扫描整个天空。总共记录了 22 个宇宙伽马射线事件。

在伽马射线的观测历史中，伽马暴的发现是一个非常偶然的成果。伽马暴是宇宙中在短时间内能量爆发量最大的一类事件。伽马暴最初表现为高能光子的大爆发，然后是长时间的中低能光子的余辉。伽马暴余辉的频谱覆盖了从 X 射线到光学和射电波的全部频段。为了解释伽马暴的成因，天文学家发表了很多设想。但是直到 1997 年，伽马暴的谜团才真正被解开。一种被大家普遍接受的理论认为，伽马暴常常与大质量恒星死亡时的超新星爆发直接相关，也可能是相邻的黑洞与中子星或者两个中子星的并合引起的。后一种解释满足了爆发所需要的能量，但是并不是和每次观测的信息都十分符合。

谈起对伽马暴的观测，不能不提起美国军方所发射的维拉卫星（Vela satellite）。正是维拉间谍卫星首次发现了这种十分重要的现象。1963 年，美国、英国和苏联签订了《部分禁止核试验条约》，条约明文禁止在空间和大气层进行任何核试验。为了监督这个条约的执行情况，美国国防部在 1963 年 10 月到 1970 年 4 月共成对发射了 12 颗维拉卫星（图 69），用来全面监测其他国家的秘密核试验。卫星飞行高度约 10 万千米，装配有 X 射线、伽马射线和中子探测器以及光敏器件。维拉卫星体积很小，是一个 20 面体，探测器就安装在多面形的各个顶点位置上。这组卫星每次总有两颗在相距几千千米距离的高空中（离地面约 65000 英里的轨道上）同时进

图 69 发现伽马暴的维拉间谍卫星

行工作。由于有两颗卫星，利用它们所携带探测器分别接收到同一信号的时间差便可以确定射线源的大致方向。

维拉卫星上的 X 射线和伽马射线探测器由钟形和圆形萤石片敏感元件构成。它能探测到距离 1.6 亿千米以内的万吨级当量核爆炸所产生的 X 射线辐射，以及距离 8000 万千米以内的伽马射线。受到激发时，元件会产生光脉冲，由光电倍增管转换成电脉冲后传输。卫星使用三氟化硼作为中子计数器，探测距离可达 120 万千米。卫星上同时搭载了可见光和电磁脉冲探测器。

1965 年 7 月 2 日，维拉 3 号和 4 号卫星同时检测到两个具有特殊峰值的信号。 1969 年 5 月 23 日维拉 5 号发射，它也探测到过具有同样特点的信号。1970 年 4 月 8 日维拉 6 号发射升空。所有这些信号都被证明并不是核爆炸所产生的，而是宇宙空间的伽马暴事件。1973 年，雷·凯贝萨德尔（Ray Klebesadel）发表了关于发现伽马暴的论文。之后天文学家又观测到很多次伽马射线的爆发现象。在宇宙中，伽马暴的发生频率几乎是每天一次，同时它们在宇宙中的空间分布也十分均匀。

伽马射线暴是宇宙中主要的伽马射线的来源之一，其他还有脉冲星、脉冲星风云、活动星系核和超新星遗迹。在活动星系核的宿主星系中，总是有一个质量很大的黑洞在星系的中心。黑洞自身不产生任何电磁波辐射，但是当物质呈螺旋线向黑洞移动时会产生大量的电磁波辐射，发射出从射电波一直到伽马射线的全频段电磁波。超新星遗迹是比较容易理解的伽马射线源，通过在其他波段的观测，可以预见其在伽马射线波段的辐射性质。

1968 年，美国又发射了轨道太阳观测站 3 号。这台望远镜共探测到了 621 个伽马射线事件。1971 年发射的轨道太阳观测站 7 号也附带了伽马射线的探测仪器。

早期的伽马射线观测是通过伽马射线所激发的电子以及电子和正电子对来确认其方向的。伽马射线的能量是通过闪烁测温计和康普顿的多次散射来获得的。

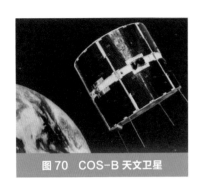

图70 COS-B天文卫星

1975年，欧洲宇航局发射了COS-B天文卫星（图70），这是第一颗专门用于伽马射线观测的天文望远镜卫星。COS-B在太空中整整工作了6年。COS-B在火花室的设计上采用了金属陶瓷技术，获得了银河系在伽马射线波段辐射源的分布图（图71）。1977年，意大利和荷兰发射了贝波X射线天文卫星，上面也载有伽马射线望远镜。

1979年，苏联航天局发射了石榴号（Granat）卫星（图72）。石榴号在工作的前期专门对一些重点目标进行了研究，1994年后这颗卫星主要进行了伽马射线的巡天工作。

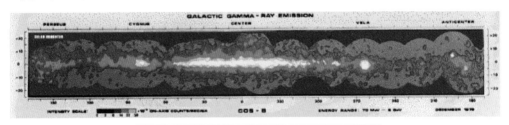

图71 COS-B得到的银河系伽马射线源分布图

在20世纪整个80年代，天文学家似乎忘记了伽马射线方面的观测工作。1990年，尤利西斯号太阳探测器（图73）第一次探测了太阳的极区，同时也探测到来自银河系的伽马射线和伽马暴源。尤利西斯号太阳探测器是一台专门探测太阳大气和磁场的探测器，它在太阳探测方面取得了突破性进展。

1991年4月5日，美国利用亚特兰蒂斯号航天飞船发射了康普顿伽马射线天文台

图72 苏联石榴号伽马射线卫星

图 73　尤利西斯号太阳探测器

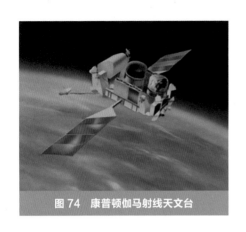

图 74　康普顿伽马射线天文台

（CGRO）（图 74），它又叫高能天文台。这是一台巨大的科学卫星，它的尺寸是 4.6 米 × 4.6 米 × 7.5 米，加上它两侧的太阳能帆板，它的总重量达到 15.62吨，是当时重量最大的天体物理空间飞行器。康普顿伽马射线天文台在空间工作了整整 10 年。

康普顿伽马射线天文台的载荷包括高能伽马实验、闪烁频谱仪、成像康普顿望远镜和伽马暴时变源实验。这个空间天文台甚至具备在轨道空间补充燃料的能力，但是由于航天飞机不再提供服务，这个能力一直没有实际使用过。康普顿伽马射线天文台记录了 100 多个伽马射线源和2300 多次伽马暴现象。它的一个重要发现就是：遥远的类星体在伽马射线波段的能量要比在长波区域大得多。由于类星体本身会发出大量能量，所以这个发现使得类星体变得更为神秘。

当时在这颗卫星上有两个磁带记录仪，但是到 1992 年春天，记录仪全部损坏。之后的少量数据主要是使用航天局的跟踪和数据传送卫星进行下载的。此外，陀螺仪的老化也使卫星运动变得很不稳定。由于这颗卫星很大，它不可能在进入大气层以后全部损毁，如果它降落在人口稠密的地区，那将是非常可怕的事件。2000 年 6 月 3 日，康普顿伽马射线天文台进入大气层，并幸运地落入地球表面无人区。

1994 年还有一颗全球空间地理科学卫星发射升空。这是一颗用于观测太阳风的卫星。它的位置在拉格朗日点 L_1 上。

1999 年，XMM 牛顿望远镜也进行了少量伽马射线的观测。2004 年，格雷尔斯雨燕天文台（图 75）发射。这台望远镜旧称雨燕伽马射线暴探测器，它装备了口径很大的编码孔口径伽马射线成像望远镜和用于低能量观测的 X 射线掠射式成像望远镜。2008 年，费米伽马射线空间望远镜（FGST）（图 76）顺利升空，该卫星载有一个大面积的伽马射线望远镜。

2015 年底，美国激光干涉引力波观测台（LIGO）首次观测到了宇宙中两个黑洞并合时所发出的引力波信号。而就在这个事件发生后的 0.4 秒，费米伽马射线空间望远镜迅速作出反应，也发现了在黑洞并合的区域，出现了持续时间仅仅 1 秒的伽马暴喷发。同时正在轨道上运行的国际伽马射线天体物理实验室（INTEGRAL，伽马射线望远镜）（图 77）却反应较慢，没有观测到这种现象。

2015 年，中国的暗物质粒子探测器（DAMPE，"悟空"）发射升空，这是中国发射的首台高能伽马射线空间望远镜，它或许可以为解答暗物质之谜提供可以参考的证据。

总的来说，由于发射成本的原因，空间伽马射线望远镜的光子接收面积相

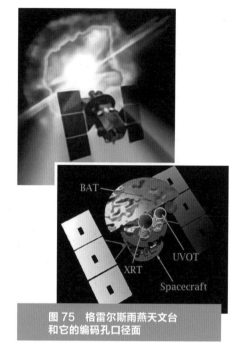

图 75 格雷尔斯雨燕天文台和它的编码孔口径面

图 76 费米伽马射线空间望远镜

图 77　国际伽马射线天体物理实验室

对很小，所以它们分辨率也相对较低。当望远镜用于极高能伽马射线波段的观测时，由于伽马射线的流量密度低，所以探测到伽马光子的机会很少。因此空间伽马射线望远镜实际上只能用于探测能量在 100 吉电子伏特以下的伽马射线。要探测更高能量的伽马射线，只能依靠直接的或者非直接的伽马射线望远镜来进行观测。地面上直接探测的伽马射线望远镜包括一些建在山顶的探测仪器，而绝大部分高能伽马射线望远镜是大气切伦科夫望远镜、广延大气簇射阵和荧光探测望远镜。因为在非常高能量宇宙线的探测中，广延大气簇射阵和荧光探测望远镜发挥了非常重要的作用，所以本丛书将对这些望远镜的讨论安排在宇宙线望远镜的部分。

18

神秘的
伽马射线暴

在上一节，我们已经介绍了美国的维拉卫星，以及它们所发现的奇怪的伽马射线暴。1973 年，这个现象首次对天文学家公开。1991 年，美国国家航天局发射了康普顿伽马射线天文台。这台望远镜记录下了一系列的这种伽马射线暴。伽马射线暴基本一天就可以被观测到一次，爆发的时间有长有短，短的爆发不到 1 秒，长的爆发可以到几百秒。在这之前，天文学家认为这种爆发应该来自我们的银河系。如果是这样，那么它们在扁平的银盘方向上应该有更密集的分布，而在其他方向上则应该比较少。但是天文学家发现伽马暴在空间几乎是均匀分布的。

于是天文学家开始争论，这些伽马暴的爆发源离我们究竟是很近，还是很远？如果是很近，它们可能来自太阳系中的彗星云层，或者是银河系的晕区。如果是很远，则可能是来自遥远的河外星系，所以它们才会在空间中均匀分布。

要进一步认识这种爆发，最好的方法是对它们进行精确的定位。但是在当时仪器的空间分辨率很低，很难完成这一任务。

1996 年，意大利和荷兰发射了贝波 X 射线天文卫星，这颗卫星既载有一台伽马射线望远镜，也搭载了一台空间 X 射线望远镜。它的 X 射线望远镜空间分辨率很高，达到几个角分，但是这个精度仍然还不够高。

1997 年，贝波 X 射线天文卫星进行了两次重要观测。2 月份，在伽马暴被发现 8 小时内，它锁定了该伽马暴的方向，然后利用卫星上的 X 射线望远镜进行了跟踪观测。通过观测，他们终于发现了一个对应的、正在衰减的 X 射线源，从而发现了这个伽马暴的余辉。这次观测的位置精度达到 40 角秒。

就在当天晚上，英国位于拉帕尔马岛上的 4.2 米赫歇尔光学望远镜也在同一个天区发现了伽马暴的 X 射线余辉的光学对应体，它是一个十分遥远且暗淡的河外星系。但是在观测中也存在另一种可能：这个伽马射线暴源离我们并不是十分遥远，但是它的方向正好与一个遥远的星系相同。所以仅仅一次观测并不能证明伽马暴源和我们之间的距离很远。

幸运的是同一年的 5 月 8 日，贝波 X 射线天文卫星又发现了一次伽马暴，并且很快就有位于基特峰的 4 米梅奥尔光学望远镜跟踪观测到了这次爆发的光学余辉。同时不到两天，位于夏威夷的 10 米凯克望远镜就对这个光学余辉进行了光谱分析，从而实实在在确定了该伽马暴的光学余辉的距离为 40 亿光年。由这次观测可以确定：伽马暴源距离我们很远，而不是很近。

通过这几次跟踪观测，天文学家建立了自动观测伽马暴光学余辉的望远镜系统，名叫 ROTSE，即光学迅速观测望远镜组。1999 年，这台自动仪器观测到了一个很强的伽马射线源的光学对应体。这个对应体与我们的距离超过 90 亿光年。后来天文学家干脆就使用大视场望远镜来捕捉伽马暴的光学对应体。

2008 年 3 月，波兰和俄罗斯的两台大视场望远镜观测到一次远在 80 亿光年以外的强暴的余辉。这次余辉持续了 30 秒。由于距离很远，所以说明这次爆发非常强烈，所发出的能量非常高。如果爆发的能量各向同性地向各个方向发射，那么，这次爆发在短短的 30 秒内释放的能量就相当于太阳的全部能量。在如此短的时间内消耗如此大的能量，对人类而言是无法想象的，天文学家也想不明白这种能量变化的机制。

不过，如果伽马暴并不是各向同性的，也就是说并没有均匀地向各个方向输送能量，那么便不会得到伽马暴能量如此巨大的结论。如同在关于脉冲星和中子星的讨论中一样，一些天体仅仅在一两个方向上向外发射能量，有一点像我们所知道的激光笔和航海灯塔。伽马暴也可能是一种仅仅在一两个方向上发射非常狭窄的光线的过程。如果是这样，我们就看不到那些发射方向没有正好对着地球的伽马暴。也就是说，有很多伽马暴因为没有对着地球，而没有被我们观测到。

从时间上分类，伽马暴中有长时间的爆发，也有短时间的爆发。通过长时间的观测，天文学家发现它们的分界线在 2 秒的时间点上。其中长时间的爆发占大多数。长时间的爆发能量也大，所以比较容易捕捉。它们都来源于遥远的星系，并且这些星系都正处于星系形成的初级阶段。

如果恒星质量非常大，它们的寿命就会很短。当这类恒星的生命到达尽头时，激烈的超新星爆发过程会使这些巨大的恒星失去它们的外层，这时星核也缩小形成黑洞或中子星，此过程中便可能产生伽马暴。这时星体的磁场会使它们迅速旋转。在它们的晚年，当物质掉落到吸积盘中时，便会产生如类星体和活动星系核一样的强辐射。巨大恒星死亡时激烈的爆发过程也会压缩周围分子云，并有触发新恒星形成的可能。

时间短的伽马暴的爆发时间都小于 2 秒，有的只有 0.01 秒。在很长一段时间内，天文学家都没有发现这种爆发的余辉。2004 年，美国、意大利和英国发射了格雷尔斯雨燕天文台。这颗卫星的设计和贝波 X 射线天文卫星类似，但是它更加灵活和迅速，可以在几分钟内将精度更高的 X 射线和紫外望远镜对准伽马暴源，这样可以观测到很强的爆发余辉。2005 年 5 月 9 日，格雷尔斯雨燕天文台发现了一个 0.13 秒的短伽马射线暴。它的余辉来自距我们 27 亿光年的星系，观测并没有发现新的大恒星的任何谱线，也没有发现超新星的产生。

为什么在没有超新星产生的地方会有伽马暴呢？原来在双星塌缩或者中子星和黑洞并合时，也会产生短暂的能量爆发。格雷尔斯雨燕天文台发现的好几次短爆发都发生在没有超新星产生的河外星系内。

当两颗中子星并合时，部分中子会从中子星上剥离，产生重原子，同时向外发射很大的能量，产生亮度达千倍新星级别的千新星。2013年，哈勃望远镜就观测到了一颗千新星的诞生。

还有另一种发生在黑洞和中子星之间的并合。这一过程会产生引力波和短暂的伽马射线暴。关于这种现象的解释还有待更多的观测和研究。

现在已经观测到的距离我们最远的一次伽马暴发生在132亿光年外，这正对应着第一批恒星所在之处，它们形成于大爆炸以后的6亿年左右，这方面的观测和研究对于理解恒星的产生机制十分重要，因此是天文学的重要前沿课题。

19

切伦科夫
和阿斯卡莱恩效应

俄国农民家庭出身的切伦科夫出生于 1904 年，他两岁时丧母，家中共有 8 个兄弟姐妹。为生活所迫，他仅仅上了两年小学，13 岁就开始从事体力劳动。16 岁时他十分幸运，进入新生的苏维埃政权在他家乡开办的农村中学，这才有机会一边读书，一边在一个杂货店打工。那个年代，苏联实行了一系列教育改革，允许并鼓励学生跳级，所以 20 岁高中没有毕业的切伦科夫一下子就进入了沃罗涅国立大学，24 岁时就大学毕业，毕业后在小镇的夜校教授物理和数学。

在进一步的教育和科研改革中，苏联政府将研究生招生范围扩大到女性、少数民族和低层出身的学生中。这些研究生的任务不是去写论文，而是在一些老科学家的身边做研究助理，同时学习科学研究的方法。1930 年，26 岁的切伦科夫成为苏联科学院数学物理研究所的研究生。同年切伦科夫结婚，妻子是一位俄罗斯文学教授的女儿。

不久切伦科夫的父亲被定为富农，岳父被打成资产阶级学术权威，双双进入劳改营。当时数学物理研究所很小，主要的研究工作在大学和工业界进行。1932 年，

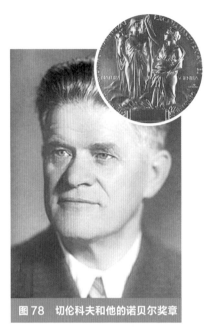

图 78 切伦科夫和他的诺贝尔奖章

研究所所长是一位在发光体领域工作的科学院院士。1934 年，切伦科夫刚刚 30 岁，还没有获得博士学位，他长期地观察非常暗的荧光现象，发现在镭盐溶液中发出的伽马射线伴有蓝色的微光。次年切伦科夫获得博士学位。两年以后，他将这个发现写成论文，在《自然》和其他刊物上发表。1940 年，切仑科夫获得科学博士称号。1946 年，切仑科夫同瓦维洛夫、弗兰克和塔姆一起获得苏联国家奖，1958 年，他又与弗兰克和塔姆共同获得诺贝尔物理学奖（图 78）。切伦科夫于 1970 年当选苏联科学院院士，1984 年获得苏联"社会主义劳动英雄"称号。1985 年，他被选为美国科学院外籍院士。

切伦科夫的重要发现之一是：当高能粒子速度很快、能量很大时，它的运动速度可能超过光在一些介质中的传播速度（当然这时它的速度仍然比不上光在真空中的传播速度）。这时它就会拖着一条发出可见光的"尾巴"，这种在可见光蓝光区域产生的辐射即切伦科夫辐射。切伦科夫于 1934 年首先观察到这种辐射，而弗兰克和塔姆在 1937 年解释了这种辐射产生的物理机制，并指出可以利用这一现象来设计计数器，来检测这些能量极高的粒子，这种专用装置被称为切伦科夫计数器。

在日常生活中，也可找到切伦科夫效应的例子。例如，当船在水中以大于水波波速的速度运动时，船前所产生的三角形波就可以看成是切伦科夫效应的例子。又例如，在空气中，一架喷气式飞机的运动速率大于声速时，飞机前产生的激波现象也可以看成与切伦科夫效应有关。

初看起来，切伦科夫效应似乎和伽马射线的观测没有什么关系，但是让我们回忆一下伽马射线大气簇射的现象。当来自宇宙的伽马射线进入大气层以后，会和大气中分子的原子核发生作用，产生电子和正电子对。这时伽马射线光子的能量变成电子和正电子的质量和它们的动能，因为电子的静止质量很小，所以它们的动能很大，几乎是以光在真空中的速度在空气中运动。这些高速运动的粒子会产

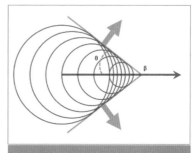

图 79　高能量的粒子的运动速度超过介质中光速时会产生电磁波辐射

生类似激波的现象，发出微弱的蓝光（图 79）。同时电子和正电子对也会产生反电子对效应，从而发出次级伽马射线。这些次级伽马射线又会产生新的电子和正电子对。这个不断扩展的电子正电子对和伽马射线的出现过程在大气的低层就像雨一样密集，所以叫作伽马射线大气簇射现象。在伽马射线大气簇射中，次级粒子基本上以射线的入射方向为轴线对称分布。除了伽马射线外，宇宙线粒子也会在大气中产生非常类似的大气簇射现象。宇宙线所产生的大气簇射粒子种类很多，次级粒子一般具有显著不对称分布的特点。

切伦科夫伽马射线或者宇宙线望远镜就是间接地通过观测伽马射线或者宇宙线所产生的大气簇射中由于切伦科夫效应发出的微弱的蓝光来观测伽马射线或者宇宙线的地面望远镜。

在射电频率，当超（介质中的）光速的高能粒子在射电透明的材料中运动时，也会产生类似切伦科夫效应的情况，从而产生微弱的射电频率辐射。这种产生射电频率辐射的效应被称为阿斯卡莱恩效应。射电透明的材料包括冰、盐、月壤等等。现在阿斯卡莱恩效应也被广泛用于对高能粒子，特别是中微子的天文观测之中。

阿斯卡莱恩效应是苏联科学家阿斯卡莱恩在 1962 年发现的。这个效应在 2002 年第一次被天文观测所证实。阿斯卡莱恩 1928 年出生在亚美尼亚的一个医生家庭。18 岁进入莫斯科大学物理系，24 岁进入莫斯科化学物理研究所，成为研

究生。次年他转入列别捷夫物理研究所，5 年后研究生毕业，获得博士学位。他在高能物理、光学和波动理论等方面都取得了很多成果，共发表论文 200 多篇。阿斯卡莱恩在学习期间就提出了用过热液体来俘获高速带电粒子使液体沸腾的方法，这就是 1952 年美国人格拉泽发明的气泡室仪器的原理。格拉泽于 1960 年获得了诺贝尔奖。气泡室和云室的原理基本相同，气泡室中充满了过热的液体，而云室中则充满了过热的蒸汽，不过现在气泡室已经为离子室和火花室等装置所代替。阿斯卡莱恩与诺贝尔奖失之交臂。1992 年，阿斯卡莱恩获得科学博士称号。1993 年，他因同样的心脏病和他的妹妹在同一天去世。

20

切伦科夫伽马射线望远镜

大气切伦科夫望远镜是用于在没有月亮、没有云的夜晚专门观测伽马射线或者宇宙线所引起的十分微弱的切伦科夫蓝光的地面光学望远镜。在地球大气中宇宙线是引起大气簇射的最主要原因，而起源于伽马射线的大气簇射现象仅仅只有宇宙线所产生的现象的千分之一左右。所以地面伽马射线观测的一个重要任务就是区分宇宙线和伽马射线所引起的大气簇射。

区别大气簇射的成因一般有两种不同的方法，一种是从大气簇射的外形上进行区别，另一种是从次级粒子的组成上进行区别。伽马射线所产生的切伦科夫大气簇射比较对称、紧凑，在和光轴垂直的方向上，它的分布范围比较小。而宇宙线所产生的强子簇射则非常不对称，在和光轴垂直的方向上散布也比较广（图80）。另

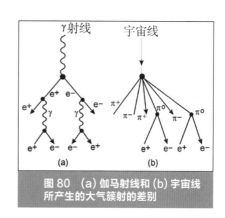

图80 (a) 伽马射线和 (b) 宇宙线所产生的大气簇射的差别

外从大气簇射的组成上，伽马射线大气簇射的主要成分是电子、正电子和次级伽马光子。而宇宙线大气簇射的成分除了伽马光子和正负电子对以外，还包括缪子和中微子。

大气切伦科夫望远镜就是在地面上去观测切伦科夫效应所产生的蓝色微弱可见光辐射的仪器。这种蓝光的亮度就像一个被放置在 5 千米之外的 5 瓦灯泡。这种望远镜实际就是一个大口径、小视场、像斑质量要求低的光能收集器。而在光能收集器的焦点上利用一个光电管阵来记录大气中的切伦科夫光辐射的方向。

伽马射线切伦科夫的光雨辐射能量比较集中，如果光雨方向和望远镜光轴的方向相同，则在焦面上会形成一个圆形像斑，像斑正好位于望远镜的轴线中心。如果光雨方向和轴线方向平行，但是距离望远镜光轴存在一定距离（比如 120 米）时，则像斑形状为椭圆形，椭圆的长轴方向将正好指向视场的中心。

如果在一个场地上有一组这样的望远镜，就可以形成大气成像切伦科夫望远镜，或者望远镜阵。通过延伸所有望远镜所获得的光雨图像的长轴，则可以准确地获得大气簇射中心轴的方位。对于伽马射线所产生的大气簇射，椭圆像斑的短轴很短，它的长轴则指向视场的中心，所获得的图像非常集中，光斑分布基本对称。而宇宙线的强子大气簇射所形成的像斑则不那么集中，短轴也不是那么短，并且其长轴往往没有固定的方向，它们的像斑呈现明显不对称的情况。

除了可以通过图像的特点来确定所观测到的是否是伽马射线的大气簇射以外，也可以通过检测光雨中是否含有不同电特性的 π 介子来判断大气簇射的成因。外太空的伽马射线密度仅仅是宇宙线密度的非常小的一部分，但是由于伽马射线不带电荷，所以伽马射线传播的方向的反向延长线就指向伽马射线源。另外伽马射线的寿命很长，几乎没有时间限制，由于它在宇宙中传播的过程里不会再次加速，所以它的源必然具备一种非常高能量的光子产生机制，而伽马光子就是传递这种产生机制的唯一信使。

大气切伦科夫次级粒子数量和光子雨范围是伽马射线或宇宙线能量的函数。探测低能量的大气簇射需要灵敏度高的、口径面积大的光学望远镜，小口径光学望远镜只能够用于较高能量伽马射线或者宇宙线的探测。

大气成像切伦科夫伽马射线望远镜是由多个大气切伦科夫望远镜组成的。为了提高望远镜的探测灵敏度，同时为了降低造价，它的光学系统和一般光学望远镜不同，其设计介于光能接收器和光学望远镜之间。这些光学反射器侧重提高集光能力，而对于像点大小则要求较低。所以切伦科夫望远镜一般采用一种被称为戴维斯－科顿（Davies-Cotton）光学系统的设计方案。这种光学系统的主镜是一个拼合镜面，镜面总体上呈抛物面面形，但是它的每个子镜面却不是抛物面，而是光学上容易加工的球面镜面。在所有镜面形状中，球面镜面的加工成本最低。这些球面镜的曲率半径是主镜抛物面焦距的两倍（图81）。使用这种光学系统进行观测时，轴上像点比较明锐，轴外像斑弥散点比较大。

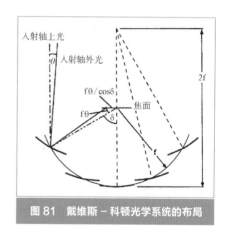

图81 戴维斯－科顿光学系统的布局

由于对子镜面形状的球面度要求不高，所以戴维斯－科顿型切伦科夫望远镜的子镜面，可以采用高温成形法来完成初步加工，即先制造较少数量的凸球面模具，然后高温加热平板玻璃，使玻璃逐渐变软并贴合到模具表面，稳定降温后得到初步成形的子镜面。在基本球面成形以后，反射表面只需要进行简单的抛光就可以使用。当然这种子镜面也可以在毫米波波段观测常用的轻型铝蜂窝三明治结构中使用，这时铝镜面表面可以利用单点金刚石车削来获得。为了防止露水在镜面上凝结，在上层铝板的下面可以安置可控加热电路。大气切伦科夫望远镜的机械结构和大型射电望远镜的机械结构类似，少数大气切伦科夫望远镜还使用了主动镜面的设计。

　　戴维斯－科顿光学系统也可以用于太阳能产业中。同样太阳塔式的太阳能收集器也可以作为大气切伦科夫望远镜的另一种形式，用于对伽马射线进行间接观测。在这种太阳塔中，一个个定日镜将太阳光反射到固定在太阳塔上的副镜表面上，而光电倍增管就放置在它的焦面上。为了提高这种设施的利用效率，太阳塔白天可以作为太阳能收集器用于太阳能发电，而在夜晚可以作为伽马射线大气簇射探测器，用于对伽马射线的观测。太阳塔一般集光面积很大，所以可以用于对能量相对较高的伽马光子进行探测。

21

广延
大气簇射阵

在对甚高能伽马射线的探测中，由于其大气簇射在地面上的分布面积非常大，即使使用大气成像切伦科夫望远镜也不能覆盖如此大的范围。在这种情况下，就必须使用建在高山山顶上的较大的探测器阵（detector array）望远镜。这是一种分布在高海拔地区的接收器阵，可以用来探测伽马射线或者宇宙线所产生的非常分散的次级粒子和荧光。这种望远镜通过遮挡防止低能量的可见光对观测的干扰。它是通过次级粒子在水中所产生的切伦科夫效应或者在其他固体探测器上的荧光等效应来探测伽马射线或宇宙线的次级粒子，从而探测伽马射线和宇宙线的。

这种探测器阵列有三个主要优点：第一，大气切伦科夫望远镜只能在没有月亮、没有云的夜晚才能工作，仪器的时间利用率仅仅是 10%，而这种大气簇射阵常常使用密封的水探测器或者其他的固体探测器装置来探测粒子在水中或者固体中的切伦科夫效应，所以可以实现连续不间断的天文观测，这对于观测一些瞬间发生的伽马暴现象是十分重要的，同时对研究一些较稳定的现象也有很大意义。第二，大气成像切伦科夫望远镜的视场角非常小，而这种探测器阵有很大的视场角，可以对大部分天区产生响应。第三，大气簇射的面积分布直接和伽马射线或者宇宙线的能量相关，能量很高的射线所产生的大气簇射的分布非常广。大气切伦科夫望远镜的集光面积仍然十分有限，它们只能探测到一定能量以下的伽马射线。历史上，探测器阵对伽马光子和宇宙线粒子的分辨能力十分有限。现在新发展出的一种根据次级粒子分布的空间图形进行判断的方法大大提高了望远镜对伽马射线和宇宙线的分辨能力，使这种探测器阵望远镜的分辨能力几乎与大气成像切伦科夫望远镜相同。

对于更高能量粒子的探测，覆盖非常大面积的广延大气簇射阵就变得十分必要了。在广延大气簇射阵中，大量的多种探测器稀疏地分布在几千米或者几十千米半径的范围之内。这些探测器包括大气切伦科夫望远镜、水切伦科夫望远镜以及一些固体器件探测器。这些专门的探测器常常被保护起来，以防止低能量光子的干扰。它们用于探测在地面高度所存留的大气簇射次级粒子。在广延大气簇射阵中，常用的探测器包括带有光电倍增管的塑料荧光剂、水箱或者其他探测器。而光电倍增管则可以记录从荧光剂、水或者其他液体中高能粒子通过切伦科夫效应产生的微光。同样能量的伽马射线流量远远少于同样能量的宇宙线流量，而高能量宇宙线随着粒子能量的不断提高，在单位时间、单位空间角所出现的数量急剧下降，所以它们的接收器阵必须有很大的地面面积。另外由于宇宙线的流量远远大于伽马射线的流量，所以广延大气簇射阵也常常主要用于对高能宇宙线的探测，它们因此被称为宇宙线望远镜，而不是伽马射线望远镜。

有名的探测器阵望远镜包括美国洛斯阿拉莫斯国家实验室的高山水切伦科夫阵伽马射线天文台（图82）、我国西藏羊八井的阻尼板阵列望远镜（图83）和墨西哥的高山水切伦科夫伽马射线天文台。其中，广延大气簇射阵包括美国的高山水切伦科夫阵和中国西藏高山上的羊八井宇宙线观测站。高山水切伦科夫阵（图82）是一个建在海拔高度1.62千米处的60米长、80米宽、8米深的水池。水池中有两层光电管，一层在深度1.4米处，共450个；另一层在深度6米处，共273个。

图 82　美国洛斯阿拉莫斯国家
实验室的高山水切伦科夫阵

图 83　羊八井宇宙线观测站

水池的上面全部用黑膜覆盖着，以避免可见光的入射。当大气簇射粒子进入水池以后，便会产生新的次级粒子，以比水中的光速还快的速度在水中运动。因此发出微弱的蓝光，这些光子将被光电倍增管捕获，它们的数量是次级粒子数量的 5 倍。这样就间接地探测到了进入地球大气层的伽马射线或者宇宙线。杨八井阵（图 83）是世界上最有影响力的伽马射线和宇宙线的观测装置之一。它的接收器是具有荧光材料的电阻板箱。

不过，由于广延大气簇射阵的探测器稀疏地分布在很大的面积上，所以利用这种望远镜就更难从粒子的空间分布上来分辨宇宙线和伽马射线，而只有通过探测介子来分辨它们。此外，广延大气簇射阵的背景抑制能力也很差。关于这部分设施的详细情况将在第 5 册中予以介绍。

22

地面伽马射线望远镜

英国于 1953 年首先建成了一台 0.3 米直径的大气切伦科夫光学试验望远镜，在 1968 年才正式建成第一台真正的伽马射线大气切伦科夫望远镜。当时美国在亚利桑那州的霍普金斯山上，建造了一台由 248 面平面子镜面构成的 10 米大气切伦科夫望远镜。它的主镜形状是一个抛物面，在它的焦面上安装有 100 个光电倍增管。

仅凭借单独一台大气切伦科夫望远镜很难精准地确定伽马射线或者宇宙线的入射方向。后来美国又在附近建造了一台同样大小的大气切伦科夫望远镜，从而得以获得伽马射线或宇宙线的入射方向。在 20 世纪末，美国天文学家们计划在同一台址增加 5 台同样的望远镜（实际建造了 2 台），最后望远镜的总数达到 4

图 84　甚高能辐射成像望远镜阵

图 85　大型大气伽马射线成像
切伦科夫望远镜

图 86　高能立体视野望远镜阵

台，从而组成了甚高能辐射成像望远镜阵（VERITAS）（图84）。

另一个十分重要的大气切伦科夫望远镜是西班牙的大型大气伽马射线成像切伦科夫望远镜（MAGIC），它共包含2台17米可以主动调节镜面位置的望远镜（图85）。这个望远镜阵位于西班牙的拉帕尔马岛上。它的每一台望远镜重40吨，采用碳纤维长方形的铝主镜面板。相邻的4块面板的角支撑点共用一个位移调节装置。望远镜阵总的集光面积为236平方米，灵敏度是每平方米0.6到1.1个光子，它可以探测的伽马射线的最低能量是14吉电子伏特。

在现有大气切伦科夫望远镜阵中最有影响力的是高能立体视野望远镜阵（H.E.S.S.）（图86）。这是一台由南非、纳米比亚、德国和法国联合建设的仪器。它包括4台12米望远镜和1台28米望远镜。5台望远镜形成一个对角线为南北和东西向的正方形，大口径望远镜位于正方形的中心点。小口径12米望远镜的60厘米子镜面全部是圆形镜面，大口径28米望远镜的90厘米子镜面全部是六边形镜面。12米望远镜具有5度视场，28米望远镜具有3.2度视场。

其他的切伦科夫望远镜包括印度的MACE（图87）、法国的CAT（Cherenkov Array at Themis）（图88）和西班牙的CLUE望远镜，以及澳大利亚和日本的

CANGAROO 望远镜，还有美国盐湖城的 StarBase 3 米大气切伦科夫望远镜（图89）。MACE 包括两台 17 米的望远镜（图 87），它的能量探测下限是 20 吉电子伏特。CANGAROO 望远镜包括一些 3.8、7 到 10 米口径的望远镜，它的探测灵敏度最高，可以探测能量下限也最低。

太阳塔式的切伦科夫望远镜包括美国的 C.A.C.T.U.S. 太阳塔 2 望远镜（图90）、太阳塔大气切伦科夫效应实验（STACEE）以及法国的 CELESTE 太阳塔。C.A.C.T.U.S. 太阳塔 2 的第一期工程包括 32 面定日镜，第二期工程包括 64 面定日镜。每个子镜面的面积是 40 平方米，这些子反射镜分布在一个半径约 200 米的圆周上，中央塔上的副镜是一个曲率为 6 米的圆球面。太阳塔大气切伦科夫效应试验项目包括 48 到 64 面定日镜（图 91）。每个子镜面的面积是 37 平方米。这个项目位于新墨西哥州，它同时是一个太阳能发电的试验实施。

正在计划中的 CTA 切伦科夫望远镜阵（图 92）由超过 27 个国家的学者提出，项目包含低能（23 米）、中能（12 米）和高能（4 米）的三种大气切伦科夫望远镜阵。它的总预算达到 1.5 亿欧元。

从能量上讲，不同种类的伽马射线望远镜有不同的观测频谱。空间望远镜的工作范围在伽马射线的低能量部分，一般小于 50 兆电子伏特。大气切伦科夫望远镜一般工作在 50 兆电子伏特到 50 太电子伏特之间。大气切伦科夫望远镜阵一般工作在 50 太电子伏特以上。

非常大面积的广延大气簇射阵可以工作在超高能的区域（100 太电子伏特～ 100 拍电子伏特）。而在高能区域（100 吉电子伏特～ 100 太电子伏特）的观测还可以使用荧光望远镜。由于同样能量的伽马射线远远少于同样能量的宇宙线，所以在高能量区域的伽马射线望远镜基本上就是宇宙线望远镜。其他的广延大气簇射阵和荧光望远镜将在本丛书的第 5 册中进行介绍。

图87　MACE 大气切伦科夫望远镜阵

图88　CAT 大气切伦科夫望远镜阵

图89　美国盐湖城的 StarBase
3 米大气切伦科夫望远镜

图90　C.A.C.T.U.S.
太阳塔 2 望远镜

图91　太阳塔大气切伦
科夫效应实验（STACEE）

图92　计划中的 CTA 切伦科夫
望远镜阵和它的三个试验天线阵

23
电磁波
天文望远镜

通过四本书的详细介绍，我们了解了在电磁波所有频段工作的天文望远镜的相关知识。尽管所有的、不同波长的光在本质上是相同的，但是天文学家总是利用对一定波长范围内的光子最为灵敏的专用望远镜来观测电磁波的特定波段。同时不同

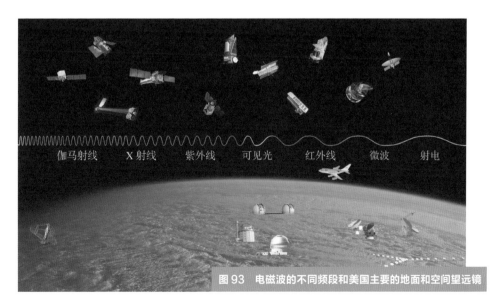

伽马射线　　X射线　　紫外线　　可见光　　红外线　　微波　　射电

图93　电磁波的不同频段和美国主要的地面和空间望远镜

的接收器对电磁波的不同波段的响应也不相同。另外，地球大气层对不同波段的电磁波也有着完全不同的响应。

人类的天文观测已经有了数千年的历史，这种观测首先是从很狭窄的光学波段开始的。1609年，人类发明了光学天文望远镜。现在，天文望远镜已经覆盖了电磁波的几乎所有频段。早期天文观测是从海平面开始的，由于地球大气对电磁波传播的吸收和干扰，天文学家们很快就将观测台址从平地转移到了观测条件更好的高山地带。同时人类还借助气球、飞机、火箭和卫星将天文望远镜带到大气层的上部和空间轨道上。天文望远镜也逐步地发展到电磁波的其他频段。

电磁波在金属表面上所产生的电磁感应效应，使得反射式系统是电磁波望远镜中除极短和极长波长外最主要的结构形式。通过面积很大的反射系统，可以将很大面积上接收到的非常微弱的信号收集起来，聚集到焦点上。然而任何望远镜都具有一定的灵敏度限制。反射式望远镜的灵敏度取决于反射面的大小，为了超越这一极限，就需要建设口径越来越大的天文望远镜。在非电磁波望远镜中，由于观测机制的差别，常常不存在这种尺寸越来越大的趋势。

表1列出了电磁波从高到低的所有频段以及相应的天文观测目标。随着电磁波波长的变化，它们的能量水平、形成机制、表现形式都不相同。在电磁波的高频部分，电磁辐射可以用粒子理论来描述，而在低频区域，则可以用波动理论来描述。不同频率、不同能量的电磁波所包含的宇宙奥秘也不一样。借助普朗克黑体辐射理论，我们可以明确得到宇宙中产生电磁波辐射的天文机制所具有的温度，也就是说，通过对电磁波的观测，我们可以了解整个宇宙的温度信息。

地球大气对电磁波传播所产生的影响是波长的函数，因此不同波长电磁波观测必须在不同的海拔高度上进行。在波长极短的伽马射线和超硬X射线波段，来自宇宙的信息只能传到离地表40千米以上的轨道空间。这主要是由于高能电磁波与大气粒子相遇后，会产生粒子对效应和康普顿散射效应。硬X射线波段的电磁波只能传播到离地表 70 ~ 100 千米的空中，这主要是由于高能光子与大气中的分子及原子频繁地发生碰撞并被吸收。由于同样的原因，软 X 射线和超紫外线、极紫外线只能到达离地表 150 千米以上的区域。在紫外线波段，入射电磁波能到达的区域距地表 50 ~ 100 千米。这主要是因为大气中一些分子的离解和离子化过程吸收了紫外光子，这些分子有氧、氮和臭氧。在可见光区间，由于光子能量不够，它们即使与气体分子或原子发生碰撞也不会被吸收，所以大气存在一个透明的观测窗口。但是在可见光波段，仍然存在散射和大气扰动。

在红外波段，电磁波能到达的区域距离地表 5 千米至 10 千米之间。在这个波段，光子会被二氧化碳和水蒸气所吸收。在海拔高的干燥台址上可以对波长在红外观测窗口中的红外线进行观测。这些窗口分别在 1 微米和 4 微米之间，以及 10 微米、20 微米和 350 微米等波长附近。在从毫米波到微波，再到米波的射电频段，地球大气也有一个理想的观测窗口。这个窗口在长波段的截止频率会受到太阳活动引起的电离层状态变化的影响。对于这个截止频率波段外侧的长波——甚长波波段，天

表 1　电磁波的所有频段

波长小于（m）	其他单位	光子能量大于	频率	名称	产生的温度（K）	天文目标
10^{-25}		80.6 EeV				
10^{-22} 10^{-19} 10^{-16}		80.6 PeV 80.6 TeV 80.6 GeV		超高能 极高能 γ 射线		正负电子湮灭
10^{-13} 10^{-12} 10^{-11}		80.6 MeV 8.06 MeV 0.8 MeV		高能 中能 X 射线	10^8	宇宙线和星际气体的作用
10^{-10} 10^{-9}	1 A，0.1nm 10 A，1nm	80.6 keV 8.06 keV		硬 X 射线	10^7	双星吸积盘及银核中的气体
10^{-8}	10 nm	0.8 keV		软 X 射线	10^6	

续表

波长小于（m）	其他单位	光子能量大于	频率	名称	产生的温度（K）	天文目标
10^{-7} 3×10^{-7}	100 nm 200 nm	80eV		超（极）紫外 紫外线	10^5	白矮星，耀星，O 型星
4×10^{-7} 7×10^{-7}	400 nm 700 nm			（紫光） 可见光 （红光）	10^4	B 型星
8×10^{-7} 10^{-5}	0.8 μm 10 μm			（近）红外	10^3	星周尘壳彗星 小行星
10^{-4}	100 μm			远红外	100	
10^{-3}	1 μm		300 GHz	毫米波	10	背景辐射
10^{-2} 10^{-1} 1 10 10^2 10^3 10^4	1 cm 10 cm 1 m 10 m 100 m 1 km ≥1 km		30 GHz 3000 MHz 300 MHz 30 MHz 3 MHz 300 kHz 30 kHz	微波 射电波 长波 甚长波	1	在磁场中的电子旋涡

文观测必须在 90 ~ 500 千米的高空进行，这是因为大气的电离层会把这些电磁波反射回宇宙空间。

由于地球大气的影响，很多波段的天文观测必须利用气球、火箭或在空间轨道上进行。

图 94 显示了在近百年时间范围内，电磁波段的天文观测从光学波段向其他波段发展的过程。高能波段的天文观测还是最近几十年才发展起来的。

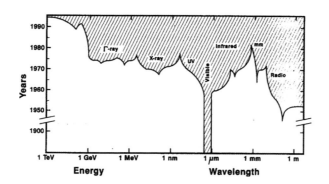

图 94　二十世纪天文观测中对电磁波各个频段的开发和扩展

后记
POSTSCRIPT

四十多年前，我和南仁东教授有幸成为改革开放后中国科学院第一批天文科学研究生。天文科学是大科学，当时的中国经济基础薄弱，天文科学不可能有大的投入，与美欧发达国家不在同一个量级。但我们都憋了一口气，希望通过我们的勤奋学习和努力奋斗，尽快缩小这一差距。其后的几十年间，我们时有交流，互相切磋，互相鼓励。他主持"中国天眼"，下定决心搞一个世界级大口径天文望远镜。我异常兴奋，尽我所能支持他的工作。他多次提及天文望远镜方面有太多的高技术问题，这些问题的解答一直分散在众多的期刊文献之中，鼓励我要为中国人争口气，写出天文望远镜的专门著作。

今天的中国，发生了沧海桑田的巨变。特别值得我高兴的是，南仁东教授作为"中国天眼"的主要发起者和奠基人，完成了"中国天眼"这一重大科技项目，使得中国在射电天文望远镜领域一下子进入了第一方阵。我也先后完成了：《天文望远镜原理和设计》，中国科学技术出版社，2003；《高新技术中的磁学和磁应用》，中国科学技术出版社，2006；The Principles of Astronomical

Telescope Design，Springer，2009;《天文望远镜原理和设计》，南京大学出版社， 2020。这几本书的出版除了南仁东教授等诸多专家和同仁的支持、帮助和鼓励外，我的博士生导师、皇家天文学家史密斯先生也多次教导我，只有写出一本望远镜的书才能真正掌握天文望远镜的理论和技术。

随着年龄的增长，我又了解到广大青少年朋友对天文和天文望远镜都有着浓厚的兴趣，但没有很好的渠道，于是我又开始了在我的"老本行"——天文望远镜方面进行科普创作，想让这些各种各样的望远镜被更多人知道、了解和熟悉。于是在中国天文学会的精心组织，以及南京大学出版社的帮助和鼓励下，这套天文望远镜史话丛书正在陆续问世，并有幸入选"南京创新型科普图书"和"江苏科普创作出版扶持计划"，这些项目的入选，也代表了丛书的创意和内容得到了有关单位的认可，在此表示感谢。

同时借此机会，我还要由衷地感谢帮助过我的南仁东教授和史密斯教授，以及其他中外专家和朋友，这些学者有：

南仁东、王绶琯、王礼恒、杨戟、艾国祥、常进、苏定强、胡宁生、王永、赵君亮、何香涛、朱永田、王延路、李国平、夏立新、娄铮、纪丽、梁明、左营喜、叶彬寻、李新南、朱庆生、杨德华、王均智、姚大志。

Dr. Robert Wilson（1978 年诺贝尔奖获得者），Francis Graham-Smith（皇家天文学家，格林威治天文台台长）， Malcolm Longair（爱丁堡天文台台长）， Richard Hills（卡文迪斯实验室天文学教授），Colin M Humphries（天文学教授），Bryne Coyler（英国卢瑟福实验室工程总监）， Aden B Meinel（美国喷气推进实验室杰出科学家），Jorge Sahada（射电天文学家，国际天文学会主席），Antony Stark（波士顿大学天文学家），John D Pope（格林威治天文台工程总监），R K Livesley（剑桥大学工程系教授）。

以上排名不分先后，限于篇幅，不能一一列举，再次衷心感谢各位朋友，没有他们的帮助就没有我的任何成就。

希望大家一直对天文感兴趣，并能喜欢天文望远镜，如果这套小书能对您产生一点点的帮助，将是我莫大的荣幸！